U0363499

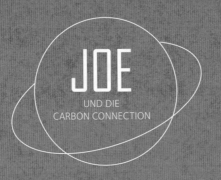

JOE

UND DIE
CARBON CONNECTION

我的名字叫乔

小小碳原子与浩瀚宇宙的故事

[德]马丁·德格尔曼 著

曾婕琳 译

中国友谊出版公司

图书在版编目（CIP）数据

我的名字叫乔 / （德）马丁·德格尔曼著；曾婕琳
译. —— 北京：中国友谊出版公司，2022.12
ISBN 978-7-5057-5427-0

Ⅰ．①我… Ⅱ．①马… ②曾… Ⅲ．①宇宙—儿童读
物 Ⅳ．①P159-49

中国版本图书馆CIP数据核字(2022)第026633号

著作权合同登记号 图字：01-2022-3595

First published in German Language under the title: Joe und die Carbon Connection – Vom
Sternenstaub zum Ernst des Lebens, by Martin Deggelmann, (2013) by Komplett Media
Verlag GbmH, Munich. Germany. All rights reserved.

Translated into Simplified Chinese Language through mediation of Maria Pinto-Peuckmann,
Literary Agency, World Copyright Promotion, Kaufering, Germany,

and Co-Agency with Copyright Agency of China, Beijing, China.

本书中文简体版专有出版权经由中华版权代理有限公司授予北京创美时代国际文化传
播有限公司。

书名	我的名字叫乔
作者	[德] 马丁·德格尔曼
译者	曾婕琳
出版	中国友谊出版公司
发行	中国友谊出版公司
经销	新华书店
印刷	天津丰富彩艺印刷有限公司
规格	787×1092毫米　32开
	7.5印张　105千字
版次	2022年12月第1版
印次	2022年12月第1次印刷
书号	ISBN 978-7-5057-5427-0
定价	39.80元
地址	北京市朝阳区西坝河南里17号楼
邮编	100028
电话	(010) 64678009

版权所有，翻版必究
如发现印装质量问题，可联系调换
电话 (010) 59799930-601

核火 25

银河

恒星里 35

乔和他深爱的恒星 13

穿越地狱 65

白矮星 45

源起 1

超新星 55

从星尘到生命的旅程

JOE

UND DIE
CARBON CONNECTION

起源

　　它们就在那里。在无尽的雾气中，排列着一个又一个的宇宙，像一个又一个大圆球，安静地并排飘浮着。一片雾茫茫中，它们看上去几乎一模一样，尽管它们的内部截然不同。每个宇宙都像一个孤岛、一个封闭的系统，这个系统里有着自成一体的世界，孤独而悠然自得地存在着。它们孤立于彼此，对其他宇宙一无所知，几乎不可能和别的宇宙有什么联系。

　　突然，无尽的雾气中孕育出一个小小的炙热的气泡，它迅速膨胀起来。气泡中诞生了一个新宇宙，这就是我们的宇宙。

　　和其他宇宙一样，我们的宇宙也在诞生之初经历了短暂而关键的爆炸。为了存活下来，它必须储存很多能量，然后再大量消耗能量。这个过程在气泡内部引发了巨大的爆炸，也就是我们今天所说的宇宙大爆炸。随后，空间就产生了，时间开始流逝。某一刻，我们现在所知的种种物理定律也突然出现了。

　　气泡之外却仍然是一片风平浪静，无尽的雾气完全不受影响。巨大的爆炸只发生在气泡里的独立世界，其他宇宙对它一无所知——其他宇宙对除了自己以外的情况都漠不关心。

这个新产生的空间是一个三维空间。里面并不是空无一物，而是充满了宇宙吸收的能量。空间里的温度高得出奇，在这种极端的条件下出现了由纯粹能量构成的物质和反物质，它们一出现就开始消灭对方。这是因为物质和反物质相遇时会相互抵消，能量则会因此被再次释放。

不过，由于出现了一种奇特的"对称性破缺"状态，一些物质幸存了下来，使得物质的数量超过了反物质。它们也有可能是多出来的反物质，只不过我们弄错了，把它们叫作"物质"罢了。

这个宇宙刚刚形成的时候还很小，里面的空间弯曲得厉害。但是大爆炸让它像气球一样鼓了起来，瞬间膨胀成了一个巨大的结构。它的形状仍然是弯曲的，因此看不出边缘。如果在里面长时间飞行而不改变方向，就会回到起点。这就像在一个球形的表面行走，只要能一直保持在同一个方向上前进，最终一定会回到出发的地方。封闭宇宙中的空间在扩大，不过随着时间的流逝，它扩张的速度变慢了。

在膨胀的过程中，温度开始下降，四种最基本的、决定物质相互作用的力量形成了，它们就是物理学的四个基本力，我们现在用它们来描述和解释宇宙中的事件与奇观。

让我们从引力开始说起。引力也叫重力，它是一种吸引力，能够抓住有质量的物质。重力是一种弱力，但是在物质质量极大的情况下，它也会变得很强大。它让太阳系得以成型，并让其中所有巨大的物质（比如太阳和行星）形成完美的球体。

在行星上，我们可以感受到重力的作用，它确保星球上的物体拥有地面附着力，可以落在地上而不会飘在空中。苹果从树上掉下来，液体留在杯子里，天平能够称量物体的重量，都是因为重力的作用。如果称重的时候重量出乎意料，就可能让人们怀疑重力是不公平的，不过，其实重力才是最不容易被改变的、最正直的存在。

引力强大到能够影响我们的整个宇宙，大爆炸后一直持续着的空间扩张正因为它的存在而放慢了速度。它甚至有可能阻止这种扩张的发生，让空间重新合拢。但它也不一定能做到。要确认这种能力，还需要确认宇宙中的物质数量以及它们产生的引力影响。

宇宙中的第二大力是电磁相互作用力，它是因电荷而产生的。电荷分为正电荷和负电荷，异性电荷相互吸引，同性电荷相互排斥，这种吸引和排斥力会在电荷周围的电场中表现出来。

如果移动一个电荷，这个电荷的周围还会产生新磁场，新磁场进而把新的作用力施加到其他电荷上。这样的反应会在一瞬间发生无数次。

电磁相互作用可以引发很多奇妙的反应。我们把这些反应运用在电子设备里，得到很多令人惊喜的收获，也证明了电磁相互作用的实际运用。

电磁场可以脱离电荷独立存在。当一个孤独的电场快要崩溃的时候就会产生一个磁场，不过这个磁场的情况也不容乐观，它也会很快崩溃并产生另一个电场。这种事件不断重复发生，每发生一次都会放射出电磁波，让它们在空荡的空间中穿行。电磁波其实对我们来说并不陌生，光线就是一种电磁波。为了感受光线，我们特意进化出感知器官，可以用眼睛看到周围明亮的世界，可以感受到晒到背上的太阳的温暖。

光波飞行的速度非常快。这可是整个宇宙中最快的速度了，没有任何物质可以比它们更快了。

宇宙中第三大力是强相互作用力。从它的名字就可以看得出来，它是一种极强的力，但大多数人不会感受到它，因为它的作用范围太短了，只能在原子核中起作用，让原子核们聚集在一起。可以说，它是一种局限在原子核中的吸引力。虽然它是万物聚拢成型的原因，但是在我们的日常生活中，它没有什么实际意义。

接下来要说第四大力，也就是弱相互作用力。它不仅力量微小，而且和强相互作用力一样，作用范围非常短。当粒子经历放射性衰变或转变的时候，弱相互作用力就会在原子核中发挥作用。我们大多数人对这种力也非常陌生。

这四种力齐心协力地帮助宇宙成型。一开始，引力尝试着让宇宙聚合到一起（这是几乎不可能实现的任务），电磁相互作用引导着光和能量的传输，强、弱相互作用力则都参与到粒子和物质的产生及其衰变过程中。通常这种创造性的合作只能维持几分钟，在这一过程中幸存的物质随着大爆炸被甩入新产生的空间里。

一切平静、冷却下来以后，宇宙中的物质构成也稳定了，其中有四分之三氢、四分之一氦以及一小部分锂和铍，稀薄的气体充满了这个三维空间。随后还出现了无数光线。是的，这个充满了无尽雾气的明亮宇宙一定会在四种基本力的作用下变得更加有趣。

然而，在大爆炸之后的几分钟里，这个宇宙就安静了下来，事实上，它在接下来几十亿年中几乎没有发生任何变化。它只是在不断膨胀，变得更大、更凉、更暗了。直到某一刻，引力创造了第一个物质结构。它把物质团成一个大球，第一批恒星就此诞生。它们开始发光，使宇宙变得更加明亮。恒星们移动着，形成了恒星团和星系，接着，包含着数十亿颗恒星的超大型结构也形成了。

太阳和其他恒星一样，都是体型、质量很大的气体星球，我们在很远的地方就能看到它们。它们照亮四周，让环境变得温暖，让它们周围的生命（就像地球上这些生命）得以存活。太阳散发着光热，每天早晨都出现在地平线上。它是天空中最壮观的景象。

这些气体星球的内部温度很高，由此产生的巨大压力使原子核融合在一起，并产生新的元素——比如，氢融合产生氦，氦燃烧后成为碳和其他物质。这个过程会释放大量能量。恒星越大，就能孕育出越大的元素。恒星里这种原子核融合过程也叫燃烧，但这种核火和化学燃烧反应不同，这是一种核反应。

大约 80 亿年前，在距我们几千光年的恒星中发生了核反应，这对我们的历史至关重要。几千光年当然只是一个估计的数值，因为我们的宇宙还在不断扩大，很难说这个恒星是不是正好离我们那么远。

核火在一个刚刚度过壮年的恒星中肆意地燃烧着。每秒都有数百万吨的氢被转化成氦气，通过光和热的形式释放出难以想象的能量。而且，氢的燃烧不是唯一一个正在进行的核过程。恒星内部的巨大热量使氦气燃烧，并产生了碳和氧元素。

我们的故事正是从这个恒星开始的，它和我们今天的太阳非常相似。其中的核反应是一个三阿尔法过程，也就是三个氦核（也叫阿尔法粒子）碰撞后变成碳核。我们要说的就是关于碳原子的故事，故事的主人公名叫乔，他已经在宇宙中生活了80亿年。

我们将和乔一起穿越数十亿年的时光，探索无垠的宇宙。这位小小旅伴会向我们讲述他的经历，告诉我们碳原子如何度过他们的每一天。碳原子的日常生活不会总是很有趣，但是在数十亿年间还是出现了一些值得纪念的瞬间。其实，乔有时像囚犯一样，会被关在一片沉寂的环境中度过几百万年，看不到任何变化。好在乔非常有耐心。后来，他也有幸在几秒钟、甚至几分之一秒内体验了翻天覆地的转变。

乔的身体很小。碳原子的直径只有大约千万分之一毫米，但它们的数量惊人，仅仅在一个人体内的碳原子数量就多达 27 位数。在乔的带领下，我们能知道他的经历，了解他对事物的看法，通过他的视角看到一个截然不同的世界。我们将和他一起冒险进入人类从未接触过的新世界。

乔和其他原子一样穿着由电子做成的衣服，里面藏着他微小的原子核。原子核的结构非常紧凑，几乎占据了整个原子的质量。它由六个带正电的质子和六个与质子差不多重但不带电荷的中子组成。原子核通过强相互作用力聚成一团。

乔的电子带负电，他们围着原子核快速飞行着。这是因为原子核内的正电荷和电子的负电荷相互吸引。电子在自己的飞行轨道中嗖嗖地飞，形成一层电子壳，像云一样罩在原子外面。这个轨道很窄，只能容纳两个电子，现在完全被占领了。电子们认领了仅有的两个座位，阻止其他电子在这里落座。

现在我们大概知道乔长什么样了。但是，我们永远也不能真的看到他，因为光波太长了，不能把他的模样传送到我们眼中——它们比原子直径长一千倍以上，无法展现原子的图像。一定没人能通过这么长的光波看到这么小的物体。

乔出生在一个恒星的深处。在那里，因为核过程和引力而产生的高温高压足以为三阿尔法过程创造条件。虽然压力把所有物质紧紧地压在了一起，而且温度也高到了极点，但乔还是喜欢那里的环境。原子们可以在气态物质里自由移动——其实还是会遇到一些障碍，因为他们不断和其他原子撞到一起。

唯一让他烦恼的是氢原子。更糟糕的是，他的恒星中有很多讨厌的氢原子，后来乔也不得不和他们打交道。这些事情乔都会一一告诉我们。

乔和他深爱的恒星

在我睁开眼睛看到这个世界时，四周一片明亮，充满了光芒。我诞生于恒星深处。这颗孕育我的大火球直径一百多万千米，它在宇宙中缓慢地转动着。但是我对此一无所知。我认识的只有身边一团由原子核、电子和基本粒子组成的巨大混沌，一团极具爆炸性的混合物。这里所有的物质被因重力产生的高压紧紧地挤到一起——当然了，我也不知道什么是重力。我们在混沌中举行盛大的派对，所有的小微粒都兴奋地舞蹈着，无忧无虑地度过每一天。时间的流逝并没有意义，我们从来不想明天会发生什么，也几乎从来不为未来而担忧。我们唯一不情愿的是被卷入核反应中，变成另一种微粒。但这种顾虑微乎其微，甚至为我们的生活增加了一些刺激感。

恒星内部有用不完的能量，而且还不断从宇宙中接收着更多补给。在恒星中，核反应就像是一个天然的能量供给站。每当两个原子核激烈相撞并融合成一个新的原子核时，有一部分粒子混合物也会参与到反应中转换成能量。这个过程让恒星变成了一个可以通过物质直接产生能量的巨大能源站，释放出超高温度刺激着原子们保持昂扬情绪，也让毫不吝啬地释放着能量的恒星不至于冷却下来。恒星生产那么多能量，又尽情地在宇宙中挥霍它们——这也是一种完美的平衡。

因为恒星内部太热了，所以大多数粒子已经完全脱掉了电子层外衣，我们几乎赤身裸体地四处舞蹈。有时候我们也会在把一两个电子戴在内轨道上，他们像小小的遮羞布似的。

我们不断和其他粒子相撞，不断遇到不同的新原子。这是粒子们的狂欢，每个粒子都为了自己的欢愉而自由舞动，巨大的压力又使我们紧密地聚集在一起。我们不断互相触碰着，周围无尽的光芒把我们紧紧包围，耀眼得让我们近乎失明。每个粒子都非常高兴。这样的情境似乎是永恒的，大家都不觉得疲惫，都不想休息。我们觉得自己就像宇宙中的王子。

在我身边数量最多的是碳原子和氧原子，我们是一群胖朋友，一直保持着良好的关系。恒星里没有比我们更大、更重的原子，而且我们处于反应链的末端，所以我们觉得恒星是宇宙为我们而创造的。对此我们感到无比骄傲，仿佛自己戴着"创世王冠"。不过氢原子觉得自己也应该享有这种荣誉，所以他们跟我们有点儿过不去。

氢原子是恒星中最小的原子。他们又小又轻，跑得非常快，其他原子很难追上。他们还会四处乱窜，几乎没法儿和他们说上话。就因为这，大家都说他们是讨厌鬼。而且他们还总是找机会显示自己的重要性。这些小个子牛皮大王会讲一些特别能显摆自己的离奇故事。他们提到过一声巨响，说曾经发生过一次爆炸，宇宙就是从这次爆炸中产生的，而且爆炸后只有氢原子诞生了。他们说，宇宙一开始是一个什么也没有的空间，又冷又虚无。他们在这片虚空中四处飘浮了好几十亿年，直到有一天终于想到要创造阳光。让他们懊恼的是，在创造恒星的时候他们没有想到核火这个因素，这种力量后来让他们成为阳光中的受害者。

他们还说，我们的恒星已经很老了，它已经燃烧了数十亿年，很快就会和他们一起走向灭亡。我们的恒星最初由氢组成，诞生于一团巨大的氢云之中。这些自以为是的粒子告诉我们，宇宙非常巨大，我们的恒星不是唯一一个星球，也根本不是宇宙的中心。

在他们看来，他们自己是原始的存在，没有他们就不会形成宇宙，他们是大爆炸过后直接产生的各种物质形成的基础。宇宙亲自打造了他们，所以这些自命不凡的粒子把自己当成最最重要的一种原子，而把我们其他原子当成它们的后代，觉得我们应该因为他们的年龄和智慧而尊重他们，要乖乖听他们的话。

我们当然不相信氢原子说的任何一句话。首先来说他们讲故事的方式就很不可信，总是用一些过分夸张的叙述，还把自己当成主角。凭什么说大爆炸之后只有氢诞生了？我们绝对不相信他们有那么大岁数。他们说恒星是他们创造的，这听起来也太可笑了，他们可是我们之中最小的原子啊。

除了氢以外，没有其他元素记得曾经听到过一声巨响，也没有哪个元素能想起恒星怎么形成的，还有什么虚无的空间，这也根本无法想象。实际上，大多数粒子都不明白他们在胡说八道些什么。毕竟我们只知道恒星的内部是什么样子。

这个话题使我们永远争论不休，所以傲慢的氢原子在原子群体中不太受欢迎。好吧，也许他们真的已经很太老了，但是也没有理由把其他原子当作无知的小孩对待，况且我们的体型都比他们大得多。他们总想显得无所不知，直到现在也还是这样。

我们最喜欢玩推氢原子游戏来打发时间。每次这些小矮子不小心靠近我们，我们就会把他们推来推去，直到他们自己躲开。这个游戏有意思极了。

过了很久我才逐渐意识到，氢的故事可能确实说出了一部分真相。他们确实是我们的恒星的主要燃料，恒星也正是通过这些燃料创造其他粒子的。这些小矮人为生产能源做出了最大的贡献——不管怎么说，他们都提供了创造我们这些更大的原子的材料。不过这些事儿我们不会多说，我们还是很高兴这个能源生产过程能让氢的数量慢慢变少。

氢的燃烧会形成氦，这个过程由多个步骤组成。首先，两个氢融合在一起形成氘核。氘是氢的一种同位素，虽然它的体积是氢的两倍，但还是和氢很像，因为他们具有相同的电荷数。然后，在氘与另一个氢原子聚合后，会形成一个氦同位素，它因为带有两个电荷与氦非常相似。接下来，两个氦同位素会碰撞并融合，最终形成氦原子。

由于氦核比两个氦同位素相加的总和要小，所以在最后一步中，有两个氢会被抛出新的原子核。这两个流浪的原子迷迷糊糊的，看上去不太清醒，要花好一段时间才能回过神儿。这种状态的氢原子会让推氢游戏变得更有趣。

氦在我们的恒星中基本上只能存在一小段时间，因为他们也要燃烧，这样才能产生更多、更大的原子核。他们往往还没来得及适应恒星中的生活就和其他原子融合成更大的新原子。大多数氦原子都不知道发生了什么，他们都太年轻，而且不谙世事。

顺便说一句，我是碳原子，是由两个氦原子直接融合，而且很快就与第三个氦原子融合而成的，稍后会详细介绍。

当碳核和氦核聚合在一起时，就会产生氧。到这里，我在恒星内部的反应链就该终止了。这个反应方式主要产生碳和氢。我的恒星正是这两种元素的巨型孵化器。

我其实也知道氧原子很重要，但我总是有点害怕被转化成这种东西。其他的碳原子也有同样的感觉。因此，尽管氧原子小伙伴们总是在玩推球游戏的时候把氦核推给我们，我们也总是只推氢原子，而不推氦核。

除了原子之外，恒星中还有其他粒子在巨大的混沌中到处乱转。他们的结构与我们原子的结构不同，我们不能与他们交谈。他们是比我们还要小的基本粒子，有一些甚至不能被称作粒子。我想简要介绍一下他们中最重要的成员。

我们的空间中充斥着原来附属于原子的电子。当温度非常高的时候，比如说大约一万度时，我们原子倾向于脱掉身上的电子。尽管如此，他们还是在我们身边，因为他们身上的负电荷被我们原子核中的正电荷所吸引。他们自由地绕着我们飞行，而我们好像用绳子牵着他们似的。这种物质存在的状态被称为等离子体。

电子很小。他们与原子核的正电荷形成对极并中和其电荷，从而中和了等离子体的电荷。他们在我们周边游荡，仿佛形成了一片湖，让我们原子核在其中畅游。到后来我才意识到，其中恰好有六个电子属于我，也正是他们平衡了我的正电荷。

然后，我不得不提到中微子——我说的可不是中子，我的原子核里可有六个中子呢。中微子是一种完全不同的粒子，他们像幽灵一般穿过恒星。他们不带任何电荷而且没有质量，因此几乎不可能和他们发生任何形式的相互作用，我们甚至无法碰到他们。他们只是像幽灵一样穿过一切物质。他们大量产生于核反应过程中，随后立刻径直离开恒星，对其他粒子完全没有丝毫兴趣。中微子极速飞行着，没有其他粒子能像这些小家伙一样用那么快的速度离开恒星。他们到处飞行，神出鬼没，才刚刚被发现就又失去了踪迹。

此外，恒星中也有很多光粒子，即光子。严格来说，他们根本不是粒子，而是电磁波。他们也没有质量，但他们的行为通常和粒子一样。我们可以触碰到他们，而且可以感受到他们切实的推力。我不知道他们是如何做到的，明明他们并没有质量。每一道电磁波都是由一团纯粹的能量组成的。在恒星里，有的电磁波具有非常大的能量团，他们可不像你们的太阳（它也是一个颗恒星）发散的能量那么无害。这些包围我们的光线从核反应过程中产生，由 X 射线和伽马射线组成。他们对我们的冲击是毁灭性的。

和光子相撞有时候就像被电击了似的。如果一个光子的能量团有一定的利用价值，那么这个光子就不会偏转，而必须被别的物质接纳，也就是被吸收。光子破裂，原子核转换为激发态并开始振动。原子们变得极度兴奋，觉得浑身痒得出奇。大家只有一种想法，就是马上摆脱这些能量，为此必须创造一个新的光子。

幸运的是，我们可以自己完成这个任务。当能量释放了，我们就可以冷静下来了。我经常觉得我必须选择爆裂，因为实在是太痒了。

光子的动作也很快。但是，与中微子相反，他们与我们原子碰撞时，会转向或者被吸收，因此没办法飞出很长的距离。也可以说恒星中的物质对光子来讲是不透明的，所以与中微子相比，他们很难离开恒星。

恒星闪烁着，像一团巨大的混沌，其中杂乱无章，总是发生着乱七八糟的事情。我喜欢这团混沌，在这里我不断遇到各种以前从没有见过的原子。这就是我的世界，让我感到安全。我喜欢这里的热度和丰富的能量。氢在燃烧，恒星也在努力地孵出新的碳伙伴，我可以教他们玩推氢游戏。

核
火

现在，重元素的产生和核火应该很容易理解了吧，简单说就是温度非常高、压力特别大，原子核们激烈地碰撞，"嘭"地一下聚成一团——是的，它们融合了。中微子在这个过程中消失得一干二净。有时会产生一个正电子，但它会立即与电子发生反应，经历电子对湮灭。这个过程的产物会比原来的反应物轻一些，因为质量差转化为能量了。

幸好发生这种核反应还需要很多条件，所以它不会非常频繁地发生，恒星也不会很快完全燃烧，碳也不会完全转化成氧，或者在失去控制时发生爆炸。如果氢原子们说的是真话，我的恒星已经在稳定的平衡状态下度过了数十亿年，这也使我和我的碳原子伙伴们得以生存。

原子把电子放在等离子体中。所有原子核都带正电，所以他们互相排斥，不会距离太近。排斥力会使他们立即感知到另一个原子核的靠近，这就避免了他们正面相撞，也让他们及时转变方向，避免了很多次撞击，也让氢原子保持一定距离，否则他们就要跑到别的原子的外壳上了。

另一种力与原子核的电荷无关，它的效果要强得多，因此也被称为强相互作用力。它把原子核团成一团，还可以吸引其他原子核。但是，它的作用范围很短，因此只有在两个原子核非常接近时才起作用。因电荷而产生的排斥力会让它的作用变得更强。

简而言之，电场力让原子核套上了一层保护罩，可以防止等离子体中的原子核靠得太近，另一个原子核需要大量能量才能冲破这个屏蔽层。当然，这个保护罩始终开放着进入通道，所以原子在核聚变过程中一定会消失。

实际上，这个恒星中的压力和温度不够高，因此原子核没有足够的能量穿过防护罩，所以无法开始核过程。每次有原子核接近我的时候，他们都早早地转向了。推氢游戏好像完全不会对我产生伤害，我都不知道氢原子们怎么在这种情况下燃烧，并为我们提供能量。

后来氢原子才说，防护罩上有一些小孔和小隧道，他们可以从那里穿过能量罩。这说明一个原子核可以穿透另一个原子核的屏蔽，并非常靠近这个原子核，然后与他融合。他们只需要找到隧道就好了。

我很难理解这件事。有小孔的能量屏蔽罩？这些孔都在哪里呢？它们有多大？我连能量屏蔽罩都看不见，更别说上面的孔了。即使它们真的存在，也很难验证。而且我觉得氢的解释太简单了，而且他们说的都是只发生在他们身上的事。他们老是用同一种说法，想要骗我们。事实可和他们说的不一样。

我们粒子生活中的一切其实都和能量有关。只要有足够的能量，我们就有可能做到很多事情。所以恒星对我们来说就是完美的家，因为恒星中有取之不尽的珍贵能量。如果能量不足，我们这些小粒子就无法越过众多的能量壁垒。不过能量过少也没有那么糟，原子们还有一种出路。我们可以从宇宙中借用一些能量，在一段时间里可以随意运用它们，比如可以用它们穿透能量屏蔽罩，和另一个原子核靠得非常非常近。我们也能用它们做其他用途，不过一定要及时归还，因为我们只能借用很短的时间。借的能量越多，能借用的时间越短。

我不再喜欢推氢游戏了。在很长一段时间里，我一直担心氢核离我太近，然后引起核反应。而且我还特别害怕氦原子核。可能有一天他们会借来一些能量，在短时间内破坏我的防护罩，把我变成氧原子。能做到这件事的原子核随处可见。这件事情让我很困扰，因为我不想变成氧原子，不想放弃自己碳原子的身份。氧原子是我们的朋友，我认为他们非常好。但是让我变成他们中的一员还是让我有点担心。

我们和氦原子核结合时会产生一个新的原子核，虽然我们体内有很多物质被保留下来，但两个融合的原子会消失。我们的记忆也消失了，取代我们的是一个特点和身份都全然不同的粒子，一种不同的元素。

这种过程就像重置计算机的内存，所有的内存都被清除了。氧原子不会有碳原子的记忆，而且我也不知道三个氦原子在互相碰撞之前和在我出生之前做了什么。这让我很害怕，因为我想保留自己的记忆。

实际上，后来有几次很惊险的碰面，氦原子核们有几次离我非常非常近，都已经要贴到我身上了。就在这时，我们像是接收到了某种信息，开始发狂一般绕着对方跳舞。如果他们再靠近一点，放弃自己身上的能量，反应肯定就会发生，一个新的粒子也会产生。不过，我们像疯了一样舞动着，氦原子身上的反应能量根本逃不出去，所以我们再次分开了。我总是能幸运地摆脱这些来"进攻"我的原子。

幸运的是，能量屏蔽罩的强度随着原子的大小，也就是原子所带的电荷量的增加而增加。碳原子带了六个电荷，氧原子甚至带了八个。在我们的恒星中，温度不够高，不能使碳与氦大规模地发生反应，即使在原子们借到大量能量时也不行。所以氦原子核携带的能量还不足以让它冲破碳原子的屏蔽罩，这使我和我的许多碳伙伴们幸存下来。对于氧原子们来说，我们的恒星还不算太热，这样的温度不至于让他们燃烧起来。

其实，我们碳的形成也不是很容易，比如我出生的时候就遇到了一些问题，整个过程困难重重。很多原子都可以在恒星里观察我说的这种情况，因为这里总是源源不断地出现新的碳原子。

碳的产生必须有三个氦原子核（或者叫阿尔法粒子）参加，他们必须同时冲破能量屏蔽罩并碰撞在一起。但是三个原子核实际上很难一起出现，总有一个原子姗姗来迟。

两个氦核会先碰撞，产生一个铍核。但这个铍核非常不稳定，会很快再次分解。如果第三个氦核没有及时赶到——其实他应该和铍核同时出现，那之前的所有碰撞都是徒劳。之前碰撞的两个氦原子分开，整个过程随之结束。这已经使碳原子的形成变得异常困难。另外还有反应能量的问题，三个粒子结合后逸出的反应能量会使新生的碳原子产生振动。如果这些能量没有被释放，碳原子的形成也注定要失败。

幸运的是，宇宙已经考虑到这点了。我们粒子可以首先吸收反应过程中产生的能量，然后再平和地释放它。但是我们不能任意取用能量，而只能吸收一部分，也就是所谓的能量量子。这样，原子就可以从原来的某种状态变为另一种状态。这种形成基态之前的状态叫作激发态，我们也确实可以感觉到一种被激发的状态。

铍核与氦核结合时释放的反应能量就会让碳原子发生状态变化，而铍核也会在两个氦原子融合的时候经历状态变化。原子核可以吸收能量，然后以光子的形式把它们释放出来。

巧的是，释放的能量能被碳原子核吸收，这会在很大程度上使碳原子形成的过程变得更稳定。所以，刚出生的碳就可以更好地控制自己，不会因太激动而破裂。如果碳之后成功释放光子，原子核的温度会降下来，它们会变得稳定，而且可以幸存下来。要不是有这种配合，宇宙中只能有极少数的碳存在，这个数量可能都达不到一个人体内的碳原子数。

这其实就是你们人类所说的铍屏障。有的人已经知道这些知识了，因为这是人类赖以生存的关键因素之一。有些人觉得碳的形成不是什么巧合，而是依赖一种神奇的魔法。我觉得宇宙也插手了这件事。

总而言之，碳核的诞生是非常困难的。产生大量的碳只是因为恒星足够大、足够热，而且许多阿尔法粒子一直在碰撞融合。

氧的产生也和我们有同样的问题。在这个过程中，反应能量也必须转移到某个地方，但是氧核没有可以吸收反应能量的状态。所以，氧核在碳与氦碰撞后的激发更难控制。这使得反应不太可能发生，也救了很多碳伙伴们。否则，更多的碳将被燃烧成氧气。

我不知道宇宙还打算对碳原子做什么，但它显然喜欢我们，会确保有足够多的碳原子，而且还让我们的伙伴越来越多。

恒
星
里

尽管宇宙确实喜欢无序状态，但这个恒星的结构却非常有序。它由几个像洋葱一样包裹在内核周围的壳层组成。

我和我的碳伙伴被氧原子们包围着，躺在恒星的中心。这里几乎没有氢气，我们可以不受讨厌鬼的打扰了。在我们身边的壳层中有氦在燃烧，并不断产生新的碳和氧原子。这些碳原子加入了我们，扩大了核心。再外层还是一个由氦构成的壳，它被一个在燃烧着氢的壳层包围。在最外层有另外一层氢，这个壳层形成了恒星的外壳。

核心和恒星的其他部位一样，都处于气态。我们在其中放肆地飞来飞去，相互碰撞，冲出一道道曲折的轨迹。粒子们就在这里扩散着。

扩散是没有方向的运动，不适合进行有针对性的前进或者长途跋涉。我们先移动一点，与另一个粒子碰撞后再移动一些，大多都是往相反的方向移动。在恒星内部，移动距离特别小，因为这里有太多粒子挤在狭小的空间里。因此，我们要等着和另一个粒子碰撞并改变方向，但这并不用花很长时间。

从统计学上讲，每个原子经过这种运动后其实仍留在同一个地方，一点也没有移动。不过，有时候我们还是会朝某个方向稍稍挪动一些，然后在一定时间后又回来。因此，如果时间足够长，我们将越来越多地了解周围的环境。

我有几百万年的时间，所以我扩散的范围比较广。突然又有一天，我离开了核心区域。几次幸运的碰撞和相遇粒子的反应让我得以穿过燃烧着的氦原子。

这个区域比较繁忙，因为三阿尔法过程让这里充满光子。这些基本上也都是粒子，所以他们也在阳光下沿着锯齿形的路线扩散。我总觉得他们正在寻找出口。光子离开太阳需要很长时间，在此期间，他们也只能四处游荡，与其他粒子碰撞，并不断向粒子释放能量。

被称为高能光子的伽马射线又给了我一点推力，所以我来到了氦燃烧壳层的另一边。那里安静一些，压力较低，原子们的排布也不是那么挤了。这里大多数是氢原子，他们还很天真，似乎只是在等待着进入燃烧的外壳。

我在这里又一次遇到了氢。虽然不像我之前说的那么骄傲，那么可怕，但他们中的大多数都非常混乱。他们来自氢燃烧壳层，会参与最终生成氦的核反应。他们对恒星内核没有用处，所以被弹射出来，并且暴露在原子融合的危险中。这让他们感到困惑，不得不重新适应新生活。不过他们几乎没有多想，很快开始核火燃烧，变成了氦气。

很长时间里，我利用扩散运动在恒星里穿梭，直到发生了一件奇怪的事情。我感到自己被巨大的吸引力、一股潮流吸引住了。在恒星中出现了巨大的对流，把物质输送到某个方向上。我离这样的对流太近了，所以被带走了，第一次直接冲向了恒星表面。

恒星的温度稳定下降，在表面和内部之间形成温差，也驱动对流的运动。热物质比冷物质轻，因此被冲到表面。他们向上游并在表面散发热量。冷的物质变凉并凝结，因此变得更重，重新回到恒星内部。

这种对流有时会引起巨大的动荡，使恒星的不同层混合在一起，扰乱壳层间的秩序。有时有些上升的对流在一个区域中形成后会像水中的气泡一样慢慢升到表面。

这些区域的边缘情况很复杂。在这里产生的强劲湍流和涡流会进一步创造强力声波，在恒星中引起大地震。

声波是物质的周期性压缩。一小部分体积在短暂的时间内被压实，其内部会突然变窄，里面的粒子更容易相遇。但是粒子们准备反抗，试图腾出更多空间。被压缩的体积因此膨胀，开始压缩相邻的区域。这就是被压缩区域贯穿周边区域的方式。通常几个被压缩的区域彼此推挤，相继形成波浪。

声波在恒星表面反射，进入内部，并由于物质密度的增加而发生偏转。恒星就像一个巨大的共振物体，放大了声波带来的震动。我们会感觉到整个恒星像一个被撞击的巨钟。

巨大的对流还会产生巨大的磁场，进而抑制或影响对流。所有现象都以某种方式相互影响着。

对流打乱了恒星的秩序，使不同的壳层混合在一起。这也混合了不同类型的原子，原子们不再拥有专属壳层。

每当出现这种情况时，我和碳伙伴都会抗议。毕竟我们不想与外层的氢有任何关系。有时要花几个世纪的时间才能让状态恢复原样。

在这段时间里，我们经历了一次有趣的混乱。我们玩着推氢游戏，离表面越近，氢就越多。氢在恒星的外壳层占大多数，我们必须小心，不让他们反过来欺负我们。

尽管有对流的帮助，但我还是从未到达恒星表面，只能从氢的讲述中了解那里的情况。他们说在那里可以看到宇宙，说恒星表面很有意思，被一种叫作星冕的稀薄气体所包围，还有一层会爆炸的耀斑——它会把恒星表面的物质抛射到宇宙中。不过，磁场和恒星引力会再次抓住这些物质，让他们通过一条大弧线又回到了表面。等离子体也会在这里进行一次交换，这时候，磁场的局部变化会把粒子向上推动，让粒子们乘坐等离子体过山车。这个过程完全由磁场控制。疯狂的过山车之旅一定给氢带来了很多乐趣。

我想应该有一些离开恒星的方法。氢说粒子们可能毫无预兆地通过空洞直接消失在太空中。星冕是很重要的物质抛射区域，如果我的理解没错，抛射应该是在等离子体过山车转弯、磁场线发生偏折的时候才会发生。过山车轨道外侧绕成一个环形的轨道脱离其他部分，被抛射向宇宙中，其中的粒子也一起离开恒星。

氢气还说，有风把粒子们吹离恒星，粒子们也不反抗，就随着恒星风进入太空。

那时我对氢说的故事毫无头绪，我不能想象他们说的一切。其实这是因为我讨厌氢说的所有恐怖的故事或者不切实际的神话，毕竟这些可能只是氢为了惹恼我和我的碳伙伴而故意编造的。我们爱这个恒星，在这里感到安全，没有哪个粒子想离开。所以我们觉得这样任由恒星风带走自己的想法很荒谬。

我们不相信氢。粒子们觉得他们是傲慢的小捣蛋鬼，整天想吓唬我们。但是他们不会成功的。大多数时间里，我和我的碳伙伴们和氧原子一起待在太阳的内芯中，那里几乎没有氢，我们感觉很平静。时间流逝得非常缓慢，一切几乎不会发生很大变化，让喜欢平静生活的粒子们享受着真正的快乐。

几百万年后，决定性的变化发生了。我的恒星开始变得不稳定。

最靠近中心的氦燃烧层变得非常反常，突然对温度变化有了不同的反应。通常，当温度升高时，恒星里的压力会增加，物质也会发生一些扩散，阻止核火过度燃烧。这种机制创造了内部的平衡。

但是现在，压力不再对温度上升做出反应。温度升高后，引发了剧烈的核火，但由于压力没有上升，物质也没有扩散。温度越来越高，所有物质都在等待压力变化。

在压力突然反应过来并瞬间增大时，就会发生爆炸，就像闪电一样。这是因为氦燃烧层由于压力的突然增加突然发生膨胀。这种膨胀太剧烈了，以至于整个恒星都动摇了。要是氢说的是真的，那每次膨胀时，恒星最外层都有一部分物质被抛入太空。

氢在膨胀中得到了很多乐趣，其中许多氢借此机会逃离了恒星。氦原子也不是很希望一直留在恒星中，所以他们也逃跑了。

膨胀过程最后以爆炸结束，让恒星内核从剩下的氦和氢原子们组成的壳层中脱离出来。我和碳伙伴、氧原子们失去了舒适的家。

不过现在，恒星主要由碳和氧组成，我们基本上摆脱了氢，和剩下的一些的氢原子玩推氢游戏。现在，他们只占少数，不敢横行霸道了，而且也不再说自己的故事了。

白矮星

不久之后我就浮到表面了。这还是第一次呢，我满怀好奇。氢告诉我们的一切都是真的吗？我可想坐过山车了。

一开始，我觉得许许多多来自恒星内部的光子亮得刺眼，后来我逐渐适应了黑暗的宇宙，可以看见一些小光点了。这就是外面的一切吗？到处都充斥着黑暗，显得非常无聊。我不明白氢为什么觉得表面那么好，更何况这里还特别冷。他们说的奇观，什么星冕和耀斑，都在哪里呢？

恒星表面是一个简单的边界，是从一个世界到另一个世界的过渡。如果你愿意，也可以把它看成天堂与地狱的界线。我来自其中一个世界，也曾见过那里的光亮。那里明媚温暖，还有陪伴着我的朋友们，我被保护着，那里对我来说就是天堂。现在，我眼前的地方看起来就像地狱似的，它看起来虚幻，让我感到非常孤独。地狱里一定是寒冷又空荡荡的。

然而，地狱也有有趣的一面，有件事情甚至马上吸引了我的注意力。有个巨大无比的东西从某一侧出现，悄无声息地飘到我们头上，然后又循序从另一侧消失不见，和它来时一样快。这种事情发生了不止一次，而且很有规律性，甚至可以说是按着标准时刻出现的。当然，我们没有钟表可以校对准时间。

毫无疑问还存在着第二个恒星。而且它不是远在天边的小光点，反而近在咫尺。宇宙中实际上已经出现了另一个恒星了，它围绕着我的恒星旋转。它是一个巨大的完美球体，如果我们在附近看，就会看见它升起、降落并经过我们身边。我们是一个双星系统的一部分，这两个恒星相互吸引，互相环绕着跳舞。

现在我才第一次意识到引力是多么奇妙的事情。它让物质团成完美的大球，而且能让两个大球像嬉戏一般环绕在彼此身边。你们应该也觉得这很神奇，因为这两个球都大得难以想象。

另一个恒星看起来不远。每当它巨大的身影从地平线上出现的时候，我都觉得很震撼。它的长波光子遍布我们周身，或者按照你们的说法，这会让皮肤感受到光子的热度。

仔细观察可以发现那个恒星的表面热闹非凡，和我们这里一片平静的样子可不同。那里总是有一些小爆发，物质会被抛向上方。这一定就是氢说的耀斑了。那里显然还是有些乐趣的，而我们这里只有一片死寂。

之前我提到过一些小光点。在很长时间里我都不敢相信它们也是恒星。它们的位置非常非常远，所以看起来就只是一个很小的发光点。如果所有的恒星都能在宇宙中有容身之处，就说明宇宙大得没有边际。这会浪费多少空间啊。

我终于看到了宇宙，也知道氢以前谈论的事情了。从现在开始，我也可以和他们一起聊这些事了。很可惜，这些自以为是的氢们几乎不见了，都在最后一次爆炸后消失在宇宙中。剩下的氢显然已经是少数，他们对和我一起讨论宇宙没什么兴趣。我在恒星表面占了一个位置，可以在这里很好地观察各种物体和事件，还能继续收集知识。

正当我想着宇宙的寥廓，试图想出它的大小的时候，我突然发现，我的恒星中的核火不再燃烧了。核反应中产生的中微子消失了。随着恒星外壳的爆裂，我的恒星与氦原子和氢原子分离了，也因此和最后剩下的一些核火所需的燃料分离了。这两种原子永远地消失在宇宙中，再也回不来了，不过他们也有可能降落在我们旁边的恒星上。

我意识到，这次分离是我的恒星犯下的一个愚蠢的错误。它怎么能轻易地把氢放走！现在核火消失了，我们失去了能量来源，也失去了我们的未来。难怪我的恒星越来越冷，旁边的恒星产生的一点点温暖远远不能满足我们的能源需求。

核火仍在燃烧时，存在一种平衡。以前，我的恒星传递到宇宙中的能量是通过内部氢和氦的燃烧产生的，恒星内部的压力和热量阻止了引力把它压成一小团。但是现在，由于我的恒星逐渐冷却，内部的压力不断下降，引力越来越占上风，毫不留情地把所有物体都挤到一起。我的恒星不仅越来越冷，而且开始缩小了。

不过整体来看至少还有一件好事。由于物质收缩而被释放的引力为我提供了一些温暖——宇宙又给了我们一个喘息的机会。

渐渐地，充满能量的光子发现通往表面的路，纷纷离开。恒星内部混乱的巨大的粒子流和对流停了下来，环境变得平静。比较重的氧原子沉到中心，我和我的碳族伙伴们在他们周边形成了一个层外壳。仅存的氦原子和氢则聚集在恒星表面上，他们是最轻的，所以被推到了表面。我的恒星变成了白矮星。

我也留在表面，让氢说说他们之前告诉我的耀斑、星冕和其他东西。他们什么也不知道，也不能解释我们的恒星出了什么事情。引力显然太强大了，让他们说的所有现象都消失了，而且没有任何重现的可能。我们被引力牢牢地控制住了。

因为星冕不存在了，我们可以在太空中看到越来越多的细节。我看到星星在穹苍中画出的图案，欣赏着我们的伴星升起时的画面。来自伴星的恒星风中的长波光子和粒子扑向我们，他们经过的时候，会给我们带来一些温暖和更替变化。但是到了晚上就变冷了。

有时伴星会送来一些氢，好让我们振奋起来，但是这时候推氢游戏就不是什么有趣的事了。

我们的恒星越来越小，我想，也许我像氢和氦粒子一样在某次爆炸中离开它才是最好的选择。但现在为时已晚。不过，我在表面占了一个好位置，还能期待着接下来发生的事情，这让我得到一点慰藉。刚开始很长一段时间什么都没有发生过，我的情绪变得很糟糕。恒星的萎缩使所有原子都非常担心。

在看了上百万次伴星上升之后，我们的恒星突然停止缩小了。这个直径曾经超过一百万公里的星球在引力的作用下被压缩成一个直径只有一百公里的小球，让我们感觉像挤在一个有上千只沙丁鱼的罐头里一样。但是狭窄的空间并没有让我们困扰，大家都因为恒星停止缩小且稳定下来而感到高兴。一定有什么东西阻止了引力。谁那么强大，敢对抗引力呢？

你们可能很难相信，做成这件事的是我们的电子。在过去几百万年里，我都没怎么注意这些不起眼的粒子，但正是他们直接和引力对抗，让一切回到稳定了状态。

我们必须知道，电子是非常特别的粒子。每个电子都强调保持自己的状态，要求有一个可以属于自己的位置。他们从不希望与其他电子处于相同的运动状态，而且很执着于这件事。

我们的恒星变得太小了，小得不足以让电子出现各种各样的状态，也不能提供足够的位置。因此，电子反抗起来，形成了反引力。他们纯粹是因为任性而不愿意继续被挤压。由于引力还是不够强，所以只能让恒星停止继续收缩，使它保持稳定的状态。

好吧，我们其实对恒星不再继续变小感到高兴，但从另一方面来看，我们的未来好像不会马上变得更好。接下来就要在这个狭窄的空间里度过一生，不能做出什么壮举了吗？这可和碳原子的梦想不一样。而且，我们的恒星现在真的变得非常冷。现在收缩已经停止了，引力能也不会再提供能量了。我们最后的能量来源也没有了。而且我们没有其他选择，也没有任何解决方法。

又过去了几百万年——虽然这只是时间长河中的一个小瞬间。在这段时间里，除了几个小行星因为走错路制造了几次大混乱之外，这里变得更安静了。我们以为我们注定会被困在这里。

但实际上，我们和这个恒星的故事就要到此结束。而另一个恒星给我们带来了一些惊喜。

超

新

星

　　每天早晨，伴星都从地平线上升起，从我们头顶经过，然后从地平线另一侧落下。从我这里看起来，它时大时小。我总在研究它的运行轨道，都要成为双星系统专家了。经过了几百年的观察后，我看出它们是怎么运行的。这两个恒星绕着同一个中心旋转，它们旋转路径不是一个正圆，而更像是椭圆形的。这一定是因为另一个恒星看上去时大时小吧！况且我的恒星还要自转，这也让我观察另一个恒星变得更困难了。我想，另一个恒星虽然也在自转，但是这和我应该没关系。

　　我确定另一个恒星正在慢慢变大。一开始，我以为这和两颗恒星的轨道运动有关。另一个恒星在越来越靠近我们的时候，会显得更大。但是事实并非如此。它确实一直在长大。它像一个气球一样膨胀，而且变得越来越红。它变成了一个红色巨人，让我们惊讶，带着难以忽视的压力从我们头顶经过。我等着它炸开，或者像我的恒星一样外壳爆裂，不过这种事一直都没有发生过。后来它的表面有了一些大的爆发，这时它就时不时地向我们抛过来一些物质。

在一个美丽的早晨，伴星变得足够大了，它表面上的一些朝向我们的物质已经不受它控制，而是被我的恒星强烈地吸引过来。从这时起就有一股轻柔的物质风朝我们吹来。我的恒星实际上和红巨星产生了真正的联系。真是难以置信，靠近我们的物质竟然因为伴星越来越大而来到我们这边了！

来自另一个恒星的粒子带来了一些能量和转变。不过他们心情不是很好。这些粒子大多都是想离开红巨星到宇宙中遨游的氢，但是他们降落在一个又冷又无聊的白矮星上。他们抱怨着，甚至想回到原来的恒星上，那里至少还有一些景色可以看呢。

然而，伴星并没有停止膨胀。从它那里吹来的物质风越来越强，变成了一股强大的物质流。这看起来就好像我的恒星伸出了一个巨型象鼻，要把伴星上的物质都吸干似的。伴星把大量的物质推到我们这边来。

这些物质并不是直接冲向我们的白矮星，而是在我的恒星身边做螺旋状旋转，然后登陆恒星表面。他们在我的恒星身边形成一个明亮的光圈，让我们被包在一个巨大的火焰环中。被释放的引力能和光圈中的摩擦能使物质大幅度升温并发射出大量光子，其中大部分是很受我们欢迎的高能伽马粒子。

光子和粒子流给我们带来了新的温暖，这对我们冷却的原子核很有好处，并唤醒了新的希望。我们向新粒子打招呼，他们撞击表面时带来了很多能量。终于有新的事情发生——我们被困在这种冻结的状态太久了。宇宙对我们还是很好的，而且宇宙中还有很多氢原子，所以我暗自希望核火可以再次被点燃，让氢燃烧。

很可惜核火不会那么快出现。我之前说过，点燃核火需要很强的压力和很高的温度，但是，我们的恒星里的温度已经降低了很多，离燃点还很远。我们必须要有耐心。我还停留在表面，和我的碳伙伴们一起欣赏围绕着我们的巨大的螺旋光圈。

生活再次变得有趣起来。周围变得越来越热，我们充满了能量，开始扩散，也开始偶尔玩起推氢游戏。

我的恒星就这样运行下去，我们粒子都振奋了精神。我们想，过不了多久核火就要被点燃了，就可以从恒星内部为我们提供能量了。我想了一个计划，要跟着第一次粒子对流回到内部，以便在热等离子体中吸收热量。

我不知道来自电子的压力在不断上升——这是一直让我们的恒星保持稳定状态的力量。这是因为新的物质让引力变得更强大了。恒星内部的压力增加了，小电子不得不承受这一切。

突然有很多中微子从我的恒星内部跑出来。这些幽灵粒子数量太多了，把这里弄得拥挤不堪，即使他们很不起眼，我们还是可以清晰地感觉到他们。我们以前从来没有和他们互动过，他们甚至给我们带来了从未感受过的温暖。他们带来了一些预兆，因为他们的存在暗示着核过程又要开始了。我有点奇怪，他们来自内部，那里根本没有氢，而且我也不明白为什么他们的数量如此庞大。他们表现得太神秘了，我没法弄清楚他们。可惜了，他们其实可以告诉我们里面发生了什么。

尽管如此，我们还是很高兴，因为核火现在一定在燃烧并提供着能量，它很快就会带来我们渴望的温暖。这个过程确实和我想的一样没花太长时间。我觉得一切都很好，但是我们也没有太多时间来庆祝。

几天后，从我们恒星内部涌出了一股可怕的中微子波，它影响了我认识的所有物质。中微子的数量太多了，使恒星的外层变得非常热。温度剧烈上升，让随着物质流留在恒星外壳上的氢原子自发地开始了核过程，疯狂燃烧起来。

核火被点燃了，但是事态好像失控了。奇怪的事情接连发生，我们几乎要被能量淹没。一些我们以前从未见过的原子出现了。他们是比我们大得多的重原子。我很害怕。火比以往任何时候都要热，由氢组成的恒星表面变得非常热，然后在一瞬间大爆发——我们的恒星又爆炸了。超新星诞生了。

当恒星爆炸并形成超新星时，我们一定不能离恒星内部太远。这说起来容易做起来难，但是非常重要。

这是我后来遇到的一个氧原子莫娜告诉我的。

在恒星内部很深的地方有一小部分发生了内爆。实际上这是因为重力不管不顾地把所有东西挤到一起而发生了坍缩。这种坍缩使中子星产生了，它比白矮星还小。

在我的恒星里，因为附近的伴星为我们提供了物质，所以引力不断增强。阻止物质收缩的电子会在某个时刻不能再和重力对抗，他们承受不了引力带来的压力，会被压入原子核中。

多么可怕啊，这时候压力一定很大。电子会和原子核中的质子反应并形成中子和中微子，原子则会完全被破坏。这样一来，中子就成了仅剩的物质了，他们之后也全部坍缩。一切都结束了。白矮星内部会形成一个中子星，这对于原子来说就是一颗死星球，因为所有的原子都被破坏了。恒星内部的崩塌会释放出巨大的能量。

反应过程中产生的中微子可以逃离这个死星球，把一些能量传输到外部，使中子星的外壳剧烈升温。

一部分中子也因为内部崩塌产生了加速，带着另一部分能量逃到中子星外。留在中子星内部的只剩一堆中子了。

逃出来的中微子和中子们让这团中子的外壳温度上升了许多，甚至让它燃烧了起来。这可能让我们因为发生核反应而被毁灭，也可能让我们变成一个重粒子。谁希望发生这种事情呀？

我们超新星的爆炸持续了好几天，所以温度特别高。一些很大很重的原子在这种情况下产生了。但他们的产生不会创造任何能量，反而需要吸收能量，而这里正好有丰富的能量。

这时候我才意识到原子核有两类。一类是重原子核，它们必须靠能量黏合在一起，如果它们分成两个小的原子核，就得交出能量。这种粒子分开的过程叫作衰变，可能是自发发生的，也可能需要其他粒子的帮助。还有一类是轻原子核，它们会在燃烧并和其他原子核反应的时候创造能量。重原子核衰变和轻原子核燃烧的过程都会释放能量。

在重原子核和轻原子核的分界处会形成铁。铁原子的原子核既不燃烧，也不在分裂时释放能量。它的能量处于最低点。正因为这样，一些原子觉得宇宙可能在某个时候只会存在铁原子。多么可怕的想法啊！

而我觉得宇宙对我还是充满善意的，因为它还让我待在恒星表面的好位置呢。这个区域在一次大爆炸里被来自恒星内部的能量炸开了。这次炸裂让我猝不及防，我几乎以光速被弹射进太空。我带着我的电子们离开了，全速进入到以前被我称为地狱的地方。现在看来，这可比待在这个死星球上要好。

穿越

地狱

爆炸的中心离我很远。我已经不想回望了。超新星让我觉得非常激动，我飞速弹射到了宇宙中。我还从来没在一个方向上飞行过这么长时间，却没有和另一个粒子正面碰撞呢，真不敢相信。我径直飞行着，飞离了爆炸的中心，离开了我的恒星。很可惜，它爆炸了，再也不存在了。

尽管我为这次快速旅行感到狂喜，但是失去我的恒星还是让我难以释怀。好吧，我的恒星在消亡时已经不是我最开始爱的那个星球了。但它终究是我的家，就像一个孵化器，让我诞生，给我安全感，而且最重要的是，它赋予了我许多能量。我不由得怀念起在那个炽热的等离子体（也就是我的恒星）中的美好时光，回想起我与碳伙伴们一起度过的美好的数亿年。现在，我完全是孤身一人，呼啸着穿越宇宙。而且我还有一个感受：外面的世界真冷啊！

我匆匆回头看了一眼，意识到我的恒星已经完全爆炸，而且它把所有物质扔向了宇宙。抱成一团的中子们也必须相信这一点——他们被爆炸炸成了无数碎片。我们旁边的那颗恒星也受到了影响，失去了它的伴星，所以也不能在宇宙中待下去了。这次爆炸让它们兴奋不已。它们飞走了，不过是朝着完全不同的方向。我仍然想知道它们的目的地是哪里，到达后它们会做什么。直径为一百万公里的火球击中任何地方都会是一件大事。我希望亲历这样的事情。

爆炸后不久，我把我的电子拉近身边。他们像毛皮一样覆盖着我。这些电子使我变得大了不止一万倍，即使他们只是像细纱一样环绕着我。我喜欢和他们在一起，因为如果没有他们，我会觉得自己现在在广阔的空间中赤身裸体。他们属于我，中和了我原子核中的电荷，使我成为中性的原子粒子。可惜他们没有给我带来一丝温暖。

我在宇宙中极速前行，很快就感受到沿途的孤独。陪伴我的只有时不时路过的一些光子，但他们也很快从我眼前滑过。我以为我应该可以追得上光子，用和他们差不多快的速度前进。我本来想和他们聊聊天，随便谈点什么或者提一些问题。我想弄清楚他们怎么能飞得那么快。每次有光子从我背后飞来然后超过我的时候，我都会试着和他们搭话。但是每次我都发现他们并不是慢慢超过我，而是以和平常一样的速度快速地飞到我前面去——虽然我已经飞得非常非常快了。我以前可希望他们能慢慢地从我身边飞过了。

然后有几个光子朝着我迎面而来。虽然这次他们从相反方向飞来，但仍保持着同样的速度从我身边飞驰而过。实际上我认为，如果他们朝我飞来的时候，我们的速度加起来就会让他们飞得更快。但是很显然他们根本不在乎我的步调。令人难以置信的是，无论光子来自哪个方向，他和我的相对速度总是相同的。因此，我给他们这种速度起了一个名字，叫作光速。很显然，其他速度不能与它叠加。它独立于参照物的速度，是只属于光子的速度。

我正高速飞行着——这种速度一定和光速差不多了吧，所以我周围的世界似乎改变了，或者说，至少我的感觉不同了。飞行方向上的标尺好像都缩短了，飞行途中遇到的物体都好像被压缩了。迎面而来的大碎块看起来就像煎饼似的，虽然它们更有可能是球状的。而且这些物体在和我相撞的时候好像很容易转变方向。它们的颜色看起来也不太对劲。我回头看，所有东西都显得无比鲜红；但是向前看的时候，它们看起来更蓝一些。向前看时光波好像被挤压在一起，而向后看时它们好像被拉开了，所以他们的颜色会变。

接着，我设法用我的电子捕获了一个光子。这个光子运输的能量团比较小。他冲我迎面飞来，猛烈地撞击我的电子外壳，把电子弹射到更高的外壳上，让它进入激发态。我的电子外衣膨胀起来，就像树枝上冻得瑟瑟发抖的小鸟的羽毛一般。这使我看起来更大更胖了。我觉得这样很有趣，虽然感觉有点痒，但这种兴奋的感觉和在我的恒星里的伽马射线给我带来的感觉不一样，也和当时原子核进入激发态的感觉不一样。这种刺激的程度自然高出很多倍。

尽管我非常小心地操纵着我的电子，但是光子在把能量转移到其中一个电子上时还是破裂了。光子和我能用原子核捕获的伽马射线完全相同。光子似乎确实仅仅由能量组成。他们不留一丝踪迹，我们也会忘记和他们交流。

通常只要过一会儿我的电子就会蹦蹦跳跳地回到原来的状态，然后我又会把一个光子投掷到宇宙中。这可真有趣。我制造了一个光子，加速到光速，然后把他发射出去，这个过程很简单。只要有机会，我会想尽办法玩这个游戏。在广阔的宇宙间玩这个游戏是一种令人欣喜的消遣，这和在我的恒星里感受到的完全不同。在我的恒星里，光子撞击原子核的时候携带的能量更大，所以会让我身上痒得难受。只有在我能发射伽马射线并返回到原始状态的时候，我才会高兴点。

不幸的是，在宇宙中只有几个光子可以和我玩这个游戏。一个原因是只有少数光子会迷路，然后撞上我；另一个原因是，他们中的大部分没有携带合适的能量。因为只有当光子携带的能量恰好与让电子进入激发态所需的能量相等时才能发生反应。

我想让光子的能量在我身上待久一些。不过总有一些事情迫使我创造光子，重新释放能量，进入一种能量较低的状态。宇宙好像不想让我们收集能量，它把能量集中在了一个地方。我们必须交还能量，这样其他粒子也可以有机会利用能量做些什么。宇宙不允许能量聚集，而是要让能量好好分散在整个空间中。

也许只在无序的情况下是这样的。大家都知道，无论做什么，无序的状态总会变得更无序。建立秩序非常困难，要耗费很多精力，要立下很多规矩。从数据上看，无序的时候确实比有序的时候多很多。所以自发形成秩序的可能性很小。

我认为在对待能量这件事情上也一样。宇宙可能也希望能量变得更加无序散漫，然后尽可能妥当地分布在整个空间里。这好像是一种强迫，是一种让能量变得无序并且分散开来的力量。原子是不能直接感受到这种力量的，但是它会迫使原子交出能量并进入低能量状态。

在我的恒星里就有这种情况了，那里也有某种力量负责让能量不聚集在一个地方，而是好好分布在整个恒星中并最终释放到宇宙里。这种力量正是让热咖啡变冷或者让冰啤酒回到常温的力量，因为它也要重新分配能量。

夜晚很凉，更确切地说是冰冷。因为没有一个为我而升起的恒星，所以夜晚格外漫长。在广阔的宇宙里，能量似乎不停地被分配着。它们看起来有些迷茫，这也能解释气温为什么低得吓人。寒冷对于一个原子粒子来说意味着孤独，因为我们并不会真正感受到寒冷，我们只知道到自己没有和其他粒子摩擦、交流。

真空中几乎没有任何东西可以使我们升温。时常会有光子经过，带来一些能量，但是我们必须马上把他们送出去。撞见其他粒子是极为罕见的。所以我们实际上完全不用交换任何能量，或者和其他粒子发生冲突。我们对温暖没有一丝一毫的幻想。

我唯一感受到的是充斥在整个宇宙中的热辐射。

但是这些长波光子的能量太少了，我的电子对他们丝毫没有反应。我想知道是什么原因导致了这种热辐射，尽管他们好像从四面八方而来，但是似乎又发源于同一个地方。也许这种辐射是氢元素们说的那场大爆炸的残余，从那以后光子一直像幽灵般飞行在宇宙间。他们肯定在这段漫长的时间内已经冷却下来了，这让他们波长增加，也变得更无聊了。很可惜我不能和光子交谈，没办法了解他们的更多信息。很长一段时间里我都在虚无中飞行。大多数较大的物体都离我太远了，遇到光子或者其他粒子的机会越来越少。四周的孤独感越来越重，我身边变得越来越沉寂。我想，我可能进入了静止状态，因为我再也感觉不到自己的速度了。

在周围非常安静的时候，感觉会变得更加敏锐。所以我突然意识到我所处的虚空也并不是那么空。我们要非常小心时不时在真空出现的粒子对，他们来自虚无，总是一个粒子和一个反粒子成双出现，会绕着对方互相旋转一会儿。我感觉他们在激烈地争论，甚至可以说是争吵。然后他们推倒对方，互相抵消，一切就都结束了。他们没有留下一丝踪迹。

他们像幽灵一样，为了出现在现实世界中，短暂地向宇宙借来一些能量。这似乎和那些为了跨过障碍而借用能量的粒子一样，粒子越大，他们所需的能量就越多，幽灵闹剧也结束得越快。

我只想弄明白为什么这些粒子要如此激动地争论。但是偷听他们讲话并不容易，因为他们只能存在一瞬间。

当我终于成功地和他们其中一对近距离接触时，我才发现，他们只是为了要尽可能地保留足够远的距离。如果粒子和反粒子距离太近，他们会互相抵消，而这正是他们想要避免的。为了继续生存，他们打算分开。但是宇宙显然不会网开一面。它无情地回收自己借出的能量，并以此迫使粒子重新聚集在一起。

我从没见过任何一个粒子对能设法摆脱彼此。他们总是在短暂存在后消失于虚无处。为他们提供能量的宇宙似乎铁面无私。当出借时间结束时，他们必须还回能量，而这只发生在粒子对互相抵消的时候。他们的舞蹈是绝望的。这些粒子对的存在完全建立在一种瞬间失效的能量赊借之上。

银

河

系

宇宙中充满了发光的物体，我花了好几年的时间来研究它们。我观察各种星星：它们有大有小，有明有暗，有些是白矮星，有些是红巨星。有的星星一闪一闪，每百分之一秒就发出一道光；有的星星有规律地膨胀，然后再次收缩，好像在呼吸一样。在一些双星系统中，有两个恒星在每年、每天或每小时里绕着彼此旋转的；也有一些恒星和自己的行星组成星系的。还有一些恒星把物质抛入宇宙，或者从它邻近的恒星那里吸取物质。宇宙中还有一些黑洞，我会远远地绕开它们。这些物体有一个共同点：它们相距很远。这让我的观察很困难，不过要绕开它们也很简单。

每隔数千年都会有一颗恒星爆炸形成超新星，这时候就像放了一场烟花。这些星星通常会在接下来一段时间里变得比银河系里其他所有恒星加起来还要亮，直到它最终湮灭。

气体云和星云也很好看，它们随着超新星出现开始发光，或者反射了其他恒星的光。还有一些暗星云会遮蔽其他光，形成奇异的物体，创造幻觉。比如，它们可能看起来像一个马头，我们也可以通过想象力把它们想成别的东西。

星星分布得并不均匀。我们头顶上有一条缎带，星星都堆积在里面。我觉得自己好像被一个环状物，或者一条星星铺成的道路环绕着，还是说我待在一个有几百万个恒星的圆盘里呢？

横着看圆盘时，我发现上面有很多我可以认出来的星星，但在竖直方向上可以看到的东西并不多。我明白了，宇宙创造了一个巨大的盘状结构。如果我没看错的话，里面有几千亿个恒星，它们一起形成了一个巨大的盘状星系。这个星系非常大，光线要花数十万年的时间才能从其中一端到达另一段。我到现在只了解了它的一小部分。它缓慢地自转着，避免其中的恒星们都聚到中心。

我飞到银河系的边缘，发现恒星渐渐变少了，而几条有力的螺旋臂延伸到圆盘外部。我沿着其中一条由数十亿颗恒星组成的螺旋臂飞行，它的引力温和但坚定地牵引着我沿曲线前进，让我和它始终保持一定距离。螺旋臂闪闪发光，其中的景色非常壮观，因为恒星和其他发光的物体都聚集在里面。

我希望被里面的恒星吸引过去，成为坠落在地面的小小流星。可惜这里没有哪个恒星愿意搭理我。

螺旋臂的另一边是巨大的虚无空间，我可以看到外面广阔的宇宙。宇宙比我想象的要大得多。我到达了银河系的边缘。如果现在螺旋臂的引力放开我，我会马上飞进一片虚无里。

在很远的地方有些光点，在我看来就像是其他星系。但是它们真的太远了，远得像根本到不了。我可没兴趣去那么远的地方，一旦去了，可就什么都变了。我真的应该离开银河系吗？

我仍然能感受到银河系的引力，它好像试图把我拉住。但这还不足以让我停下脚步，或者改变我前进的方向。我似乎已经没有希望了。距离最近的星系都在几百万光年之外的地方，曾经有一段时间里我都感到绝望。

突然我和某个粒子相撞了。他像凭空蹦出来似的突然出现，我完全没有注意到。这次撞击让我很惊讶，而且它产生了很大的冲击力，让我几乎失去了一个电子，几微秒之后才回过神来，掌握了情况。

我不知道他是什么粒子，也不知道他从哪里来。在我意识到发生了什么之前，碰撞就结束了，那个粒子也已经消失了。几千年来我和其他物质没有任何接触，突然间就在这个轨道和另一个粒子撞了满怀。

不过，这次碰撞带来了一些好的影响。我前进的轨道改变了，飞向螺旋臂的上方，要回到满是星星的地方了。一种幸福的感觉洋溢在我的全身。宇宙没有让我失望。

当我慢慢进入螺旋臂时，我意识到自己正径直飞向一个小恒星。这是多么幸运啊，我简直不敢相信。好吧，那不是最近的恒星，也许是第二或者第三近的，不过我还是径直飞向了它。

进入螺旋臂的过程中没有发生什么稀奇的事情，因为里面的星星排列得并不紧密。随着我的移动，星星不仅出现在我面前，也慢慢地出现在我周围，随后落在我的身后。

我要到达一个恒星上了！它从一个小光点开始变得越来越亮。我只需要耐心地飞过去。我根本无法向你们形容自己有多高兴。我又能得到温暖，又能回到有充足能量的熟悉环境里，又能和其他粒子摩擦、交流，这样的未来让我觉得美好极了。

这个恒星还不是很大，所以它可能没有让碳燃烧的能量。因此我不必担心自己发生核反应。一切都显得很完美，我只要享受温暖，享受和其他粒子的交流与碰撞。也许我可以去了解物质喷发的过程，试着被耀斑抛射，或者做其他有趣的事情。

事态看起来不错，我对此很高兴。我要一往无前地俯冲到恒星上，进入其中，和其他粒子摩擦，吸收能量，制造很多光子，再把他们抛出去。我期待着深入这个恒星。现在我要先在热等离子体中休息一会儿，把电子外套脱下来，去掉来自宇宙的寒冷。

通常来说，只有期望是纯粹的快乐，因为事情一旦开始，就会有许多搅乱好事的因素出现。我要肆意享受这种快乐。

在接近这个恒星的时候，我先进入了一个把恒星包裹在内的云团，它大得让我惊讶。恒星仍然很远，但这个云团里已经有很多粒子和石块了——可能对你们来说他们更像是尘埃。和我之前经过的地方相比，这里显然会发生很多事情。而此时，一股风从恒星那里向我吹来。我离恒星越近，风也变得越大。这一定是氢提到的恒星风。

粒子和石块的数量在增加，我要费很多力气才能避免和其他物体相撞。迎面而来的原子们都很失望，他们可能已经绕着这个恒星转了几百万年，很少有什么交流和交换的机会，所以几乎没有能量了，而且眼前的恒星也不能提供任何得到能量的方法。他们让我心疼。这么长时间里他们只能保持很低的能量消耗，这一定非常难受吧。

没有能量的话，原子能做的事情就非常少。我才不想这样悲惨地结束自己的生命。

我巧妙地躲过了这些拦路虎。我的目标是恒星，我可不想因为和一些可怜的粒子相撞而丢了性命。

之后我发现，这个恒星还有几个伙伴。我看到了几颗大小各异的行星围着它转。和恒星相比，它们都显得很小，而且自己不会发亮光。但是它们可以被恒星照亮，而且在恒星的光亮中，可以清楚地看到它们的样子。它们分布在恒星的两侧，对我已经不会有什么威胁了。

虽然这些行星不是很大，但我还是感觉到了它们的引力。每次我经过一个行星的时候，我的飞行轨道都会有点改变。我不再径直飞向恒星，但我仍然坚信恒星的引力能够让我飞到它身边。

现在我已经路过一个行星了，正朝着第二颗行星前进。它原来在我前面运行，当我要追上它的时候，它的吸引力让我的速度逐渐提高了。我感受到了它强大的引力。这个行星有一个很强的引力场，事实上，它就是想教训我一顿罢了，但我根本无处可逃。我转了个方向，进入一个运转轨道里。我心想，这样就可以更清楚地观察这颗行星了吧。不过，我飞得太快了，所以没能留在这里，而是飞出了这个弯曲的轨道。

这是怎么了？我身上的物质要被这个星球吸走了。好吧，我知道这是怎么一回事，这是引力的作用。很奇怪，我身上的物质好像还没准备好似的，不愿意那么快就改变方向。它们表现得很懒惰，想要直接按照原来的路径继续飞行。我以前没有注意到这种现象。显然，我身上有两部分物质，一部分很懒，一部分很重。懒的那一部分会慢慢向重的一部分妥协，它们最终会同意走向同一个飞行路径，这样我才能继续改变方向。

行星已经牢牢把我吸住，这加快了我的飞行速度。但是正像我刚才说的，我飞得太快了，不能留在规定的轨道上，而且我身上懒惰的一部分又不能让我及时改变飞行方向。我只得飞到另外一条曲线上，行星不满地弹了我一下。我因此得以逃离。可惜的是，我的方向变化太大了，让我离恒星越来越远，甚至飞出了这个星系。我把这种被行星弹出星系的事件叫作行星弹弓，它的影响太大了。

我很生气，几乎不敢相信这件事情。我可能要放弃降落在恒星上了。几百年来，我一心想要去那个恒星，现在倒好！那个行星像个保镖似的，它不想让我实现我的计划。恒星风也是，一直用力吹着我，把我吹得越来越远。显然它们不想让我留在这里。真令人失望。幸运的是，这次我躲开了那些一路上埋伏着的想要抓住我的石块。

我安慰自己，我可能无论如何都不能实现自己的目标了。我没想到降落在恒星上会这么复杂、这么困难，也没想到恒星风会吹得那么猛，会为难我这样的小粒子。好吧，螺旋臂里还有几百万颗恒星，我就集中精力寻找下一个机会好了。首先，我必须调整方向，决定接下来要瞄准哪一些恒星。它们的数量太多了，而且都离得好远。

不管怎么说，我都不想遇到宇宙尘。它们的内部没有核火在燃烧，所以我觉得它们一定很无聊，而且我也绝对不希望成为它们的一部分，和这些可怜的物质一起在宇宙中飞行。不幸的是，我的新轨道不是很好。在接下来几百万年中，我从许许多多的恒星旁边经过，最终来到了螺旋臂的另一侧。这是一片很大的区域，里面只有星尘和碎石。都怪那颗行星！

这里由无数原子、宇宙尘和一些大颗粒（可能对你们来说，它们还是很小）组成的巨大星云。我落在恒星上的梦想破灭了。我最终只能放弃这个目标。

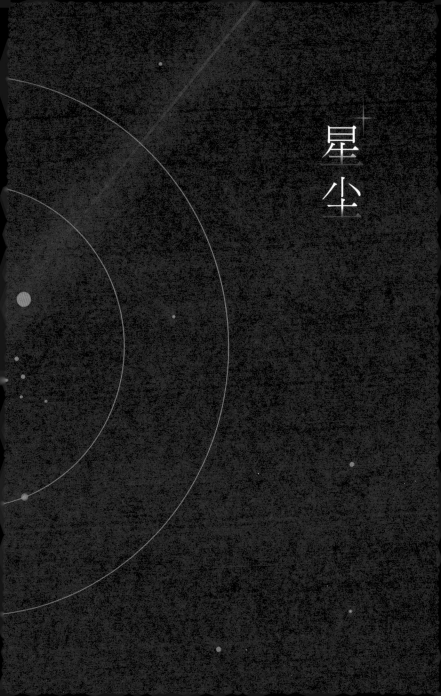

星尘

　　这团星云非常大。在我看来，它就像一层深色的纱。在螺旋臂的这一面很难看到恒星，只有星云在它周围一些不是很吸引我的恒星的照射下微微发光。

　　我用自己已经习以为常的高速撞进了星云里。一开始我遇到的撞击还都在我的掌控之内，但随后我和越来越多的粒子相撞，几乎要动不了了。我完全失去了方向，开始漫无目的地移动。你们还记得我以前的样子吗？我朝着一个方向飞一会儿，撞上一个粒子，再向另一个方向飞，等待下一次碰撞。实在是太可惜了，我已经习惯了高速飞行，却还要回到原来的状态。这样一来，探索这个巨大的星云就需要很长时间。幸运的是，和以前一样，我有足够的时间。

　　在这里，粒子们每隔一段比较固定的距离就会与其他粒子碰撞，而且会交换一些动力和能量，即使自己拥有的也很少。这种感觉和在我的恒星里的时候有点像，只不过在这里要很久很久才能发生一次碰撞，而且这种碰撞完全无害。其他粒子都被我的电子壳拦住了。

让我害怕的是，大多数会和我相撞的粒子是氢原子，他们的样子就像我以前知道的那样：小小的，既傲慢又没礼貌。他们还是认为自己高人一等，每次相撞的时候都要抱怨一通。

我和我的碳伙伴一起试着教会其他重原子玩推氢游戏。但是星云太薄了，我们在这里没有好好玩游戏的场地。所以我别无选择，只能不理氢原子。

我静下心来，利用扩散运动的机会观察这个星云。除了氢以外，这里有许多其他元素，但是他们浓度很低。大多数元素我以前从来都没有见过，比如一些比我大得多也重得多的原子。我现在的速度很慢，所以可以和其他粒子好好交谈。我一边聊天一边交新朋友，就这样认识了一些非常老的氦原子。

以前我在我的恒星里认识的氦原子都非常年轻，他们是我的恒星创造出来的。那里没有老的氦原子。可能他们在我出生前就已经在核火中湮灭了。

但是这里有老的氦原子，他们说的故事很有趣。他们也说到大爆炸。我发现氢说的应该都是真的，但是有一件事情他们撒谎了：大爆炸之后，不仅有氢，而且还有很多氦，甚至还有几个锂原子。那些夸夸其谈的氢没有告诉我们真相，只是为了让自己显得更重要罢了。这再次说明他们是不可信任的。

其他大多数原子都和我一样在某个恒星中形成，我们的命运也很相似。较大的原子在恒星爆炸中诞生，有些恒星比我以前的恒星要大得多。显然宇宙中还有很多恒星，而且它们内部的核火比我见过的要热得多、激烈得多，所以，它们能创造大原子，释放出巨大无比的能量。但这是有代价的——大恒星会比小的恒星更快地燃尽。最后，它们都一定会爆炸，使大原子遍布整个宇宙。

一些原子已经经历了几次这样的循环。他们从核过程中诞生，最后在超新星爆炸时被抛到宇宙中。新的恒星出现时，他们又去到那里，重新体验恒星生命周期的循环。如果一个原子很大，但他所在的恒星很小，那他就完全不用害怕核火了。因为温度不够高，不能让他在核火里燃烧，也就不能变成一个重粒子了。

他只需要毫无负担地娱乐，在热等离子体里徜徉。

没有哪个原子能成功落在恒星上。显然这是个不会实现的疯狂的想法。一个原子怎么可能靠自己到一个恒星上呢？毕竟恒星风那么猛烈。我们必须和其他一些粒子合作，利用恒星的引力，然后像陨石一样落在恒星上。但我不知道怎么才能做到。

所有的原子都喜欢恒星，即使有会在内部被燃烧的危险。因为只有那里才有大量的能量。行星就不一样，上面一片寂静，又冷又无聊。所以我们一定要避开行星和其他的石块。它们会让原子不再活跃，这个星云里有的原子把这种状态叫作远离恒星的低能耗沉寂。我们都害怕这种沉寂状态。

星云中也有许多分子。他们由两个或两个以上的原子组成，而这些原子被电子连接在一起。他们真的很酷，对我来说非常新鲜。他们不像原子那样是球形的，而是哑铃状或者链条状的结构，有时会带着扭结。大多数氧原子和氢原子都是相互紧贴、成对出现的。

如果粒子撞击这些哑铃或者链条，他们就会开始转动或者振动，挺有趣的。当他们觉得动来动去不好玩的时候，就会产生一个光子，让他吸收、带走一些能量。之后分子们就停止旋转和振动了，他们短暂地闪烁一会儿，然后平静下来。

有一天，我和一个氧原子相撞了，她的名字叫作莫娜。这次相撞很温和，只是因为我们的电子缠在一起，所以我们才分不开。碰撞之后，一些能量通过反应被释放了，除此之外没有发生什么令人兴奋的事情。

我根本不知道我的电子那么想和其他原子上的电子在一起。为了满足他们，我生成了自己的第一个化学键，完成了原子结合。这太酷了，我和莫娜竟然能轻松地连在一起。原子结合时，最外层电子的相互作用是最重要的。原子们至少需要共享一对电子，通过这次共享释放一些能量，然后就能连在一起。

大多数原子没有完美的或者完全封闭的电子壳，只有一件带孔的电子外套。原子结合可以让另一个原子的电子尽可能地堵上这些孔，使得两个原子变得紧密，并把结合在一起的原子们的能量消耗降低一些。

这个过程会产生一定的吸引力，这种引力也会加强原子之间的联结。

我们都向对方提供了三个电子，让他们形成三个电子对，看上去就像一个带三键的迷你小哑铃。我把电子们拉到我身边，所以我带了负电荷；莫娜失去了电子，所以有更多的正电荷。这个哑铃上有一个小小的偶极子。

莫娜是一个很棒的氧原子。她已经在两个恒星中生活过，也到过一个行星。她向我传递了许多平和安宁的态度。我从她身上得到了信心，相信自己会在某个时刻再次落在恒星上，或者进入恒星里。一切只是时间的问题，而我有很多时间。她不想告诉我细节，但她毫不怀疑我能做到。我只是想：乔，让自己惊艳吧。

莫娜曾经生活过的两个恒星、一个行星和它们所在的星系都爆炸了，就在恒星里的核火燃料耗尽了以后。它们把物质扔回宇宙，莫娜也被抛了出去。许多原子都在这样的爆炸中再次进入太空，聚集在大星云中。几乎所有原子的经历都大同小异。星云变得越来越厚，里面的重粒子越来越多。莫娜和我说起了她的恒星，谈到了热等离子体和其他所有恒星上都有的现象。她也警告我要注意避开寒冷无聊的行星——在那种地方，时间过得很慢，慢得好像永远都等不到行星系统中恒星的爆炸，永远都等不到自由。

我也向她讲述了我的恒星、我们在等离子体里的狂欢，讲述了推氢游戏，也讲了我生活过的双星系统，告诉她我的恒星虽然也用尽了燃料，但它因为体积太小无法爆炸，最后变成白矮星，慢慢降温。我还说我们觉得命运已经被注定了。我解释了恒星最后如何发生内爆，我们又怎么和伴星联系上、向它吸收能量。莫娜听到我们改变命运的故事后，也觉得很激动，让我告诉她所有的细节。

显然，恒星们一般都会选择在某个时间点爆炸，把所有的原子都抛到太空中。但有些小的恒星是例外，比如我的恒星。它们用完燃料后会进入稳定状态，把原子永远困在自己内部。所以原子们必须小心这样的恒星。

不过，在大的恒星里也有危险。我和莫娜都属于轻原子，我们都可能被卷入核火，变成重粒子。

此外，恒星最终的爆炸也让我们头疼。对于原子来说，超新星可能会让一切完全失控，有时会形成中子星，成为原子的墓地。莫娜说我很幸运，因为我逃离了中子星。

莫娜非常了解怎么和光子玩。她向我展示了很多技巧。我们经常会抓住一个光子，和他一起旋转一会儿，或者四处跳舞，然后再把光子抛出去。我们掌握了这个分子在旋转和振动的时候是什么状态，然后像一对年轻的舞蹈演员一样，在巨大的星云中滑动。我们玩得很开心，而且建立了很深的友谊。对于莫娜来说，我们的原子结合很完美，因为这样她就有了一件密不透风的电子外套，虽然它看起来有点歪，因为电子太靠近我了。我还有空间多收留一个电子，也因此可以再和另一个原子结合。

太阳系的诞生

几千年过去了，我和莫娜一起利用扩散运动的机会，尽可能多地探索这团星云。因为和其他粒子发生碰撞，我们有时会抓到光子或者发生一些旋转。虽然我们觉得已经一起度过了无限漫长的时光，但也只能探索星云的一小部分。

有一天，我们附近的一颗恒星爆炸了，这给我们的生活带来一些改变。这颗距离我们只有几光年远的超新星放射出光芒，比周围所有物体加起来还要亮。我们之前就知道这件事了，因为有几个中微子提起过。和平常一样，中微子是最先出现的，几个小时后才开始闪光。在这种爆炸中，光总是要晚一些出现，因为爆炸要花一些时间才能在恒星表面显现。然后光子才可以行动，开始追逐中微子。

在超新星放射出光芒的时候，我们选好了观看的位置，可以像看焰火一样享受这场视觉盛会。它以前一定是一颗大恒星，才能发生如此震撼的爆炸！

这颗超新星制造了巨大的压力波，几千年后，压力波传到了我们的星云中，定期推动粒子们更紧密地靠在一起。每次压力传导过来的时候，星云靠近波前（波阵面最前方的曲面）时都会变窄一段时间。粒子们会朝波前的方向移动一些，所以这里的粒子密度会增加，之后会再次回到初始状态。这些变化都没什么大不了，大多数粒子甚至没有注意到。尽管如此，它们仍然对星云的某些部分，对一些巨大的云状区域产生了持久影响。

我和莫娜所在的地方有来自云雾的引力，它一直设法让粒子们靠得越来越近。我们在这片云雾的边缘，一开始，这件事一点都没有引起我的注意，我只觉得越来越容易和其他粒子相撞了，其他一切都没有变化。但是，莫娜有种预感，她好像已经知道会发生什么。

显然，云的密度已超过临界值，引力现在也变得足够强大了。它开始非常缓慢但持续地让这片云雾收缩。

起初，收缩似乎很缓慢，没人真正注意到。但是后来云雾开始出现轻微的转向，有些事情显然变得不一样了。身处边缘的我和莫娜被卷入这些事件中。并不是所有云雾中的物质都向中心移动，所以云的转向变得越来越明显。最初，我们在云的一侧，几十万年之后，我们到达了另一侧。引力的作用让我们都感到惊奇。

云雾中心的粒子们开始聚集在一起形成致密物质。小尘粒和小冰粒逐渐出现，然后随着时间的推移变成小团块。它们变得越大，吸引的颗粒越多，所以这个一开始无限缓慢的过程就变得越来越快。

我和莫娜也加入一支粒子大军，形成了一个小小的尘粒块，里面粒子的数量比现在地球上的人数还多。这是我第一次体会到被困在一个固体中，虽然它很小。幸运的是，我仍然可以感觉到莫娜在我身边。我们俩紧紧地抱着对方，一点也不想分开。我们也不想和其他粒子产生任何联系，但是我们没有足够的能量摆脱这个尘粒。我们只能被困在其他原子和分子之间，不能再做扩散运动。恐惧笼罩在我们心头。

在这里，氢的数量惊人，他们大部分成对紧贴在一个氧原子上。幸好我不用受这种罪。有莫娜在我身边，我感到安心。

这种由氧和氢原子形成的分子就是人类说的"水"。因为这里的温度低得吓人，所以水结冰了。水分子形成晶体和晶格，把其他分子包裹进去。

晶格是一种很棒的东西，每个分子在里面都有自己的位置。无论从哪个角度看，都可以看到一个序列，晶格结构似乎可以在其中无穷无尽地排列下去。这和我以前知道的混乱情况不符。

水分子以外的其他分子（比如我和莫娜）打乱了这个序列。我们的大小、形状都和水分子不同，因此不适合进入晶格。不过这也没什么不好。晶格会在我们身边变形，但是这种不规则不会产生困扰。

云雾进一步收缩，加强了引力场。引力的影响越来越大，我也越来越清楚一切将会如何结束。这团云雾开始坍缩了，而且坍缩的影响会不断加强。每个粒子都在努力往中间跑。

云雾的轻微旋转和由此产生的离心力创造了一个巨大的圆盘。一个球形的物质堆出现在中心，逐渐变热，并且开始发光。透过中心圆盘外的一层薄雾，我能看到这个大圆球一点点形成，它发出明亮的光，把圆盘中的其他物质笼罩在红色的光线里。

引力是很神奇的。如果把足够量的物质聚集到一起，形成一个团状物，这些物质就能创建一个引力场。它会把所有东西聚在一起，而且会试图压缩这个团状物。在云雾收缩过程中，引力被释放，它使中心的物质堆剧烈受热并开始发光。物质堆也一边贪婪地吸引更多物质，变得越来越大，越来越热。我迫不及待想和莫娜一起进入火球。

当我还在想着怎么做的时候，中微子突然出现了。几天之后，我的假设被证实了，因为一个小的压力波从中间向外部扩散开来。显然，球体内部的温度已经上升了很多，足以点燃核火。新的恒星要诞生了，这就是太阳。

太阳的出现是一个崇高的时刻。和以往时候一样，中微子首先出现，预告这次事件即将发生。然后，随着太阳的表面温度上升，周围也逐渐变亮。能量需要一点时间才能到达表面，所以太阳先是闪烁着。然后它达到了能量平衡，把自己从内部获得的大量能量发射到宇宙中。它开始持续发光。

太阳的闪烁让我想到氢。也许他们仍在抗拒核反应，拒绝转化成其他元素。但是很快他们的抵抗就消退了，太阳开始稳定地发光。

太阳的形成和氢描述的一样，只不过他们在一件事上严重夸大了事实：并不是他们提出了创造太阳的想法，也不是他们将物质聚集在一起让太阳崩溃。创造太阳的是巧合，它创造了云雾，也让引力强大到足以让云雾收缩。从开始收缩的那一刻起，引力接受一切事物，驱动所有事情的发生，直到恒星灭绝。

核火被点燃后，很快就吹起了太阳风。它从太阳上吹来，把小的轻的原子们都吹走了。很多本来正飞向太阳的氢和氦原子就让太阳风吹到别处去了。轻的原子们赶到外面，但是重的原子和分子们能抵御这股风，一直向太阳靠近。

现在，太阳照亮了四周，我们可以更好地观察其他事物了。在太阳周围有几个涡流，它们也收集物质，也在中心形成了球形结构。它们开始发光，通过被吸收物质的能量持续升温。这就是后来行星们出现的地方。这些行星在特定的轨道上围绕太阳旋转。

一些涡流的边缘上还有更小的涡流，其中又发生了物质积累。这些小涡流后来形成了卫星。然后，一个完整的星系逐渐形成。

与此同时，我们所在的尘粒也在变大，努力在和粒子相撞的时候召集更多粒子加入。他们有的和已经在尘粒中的原子发生结合，有的只是附着在尘粒上。尘粒的增长越来越快。有时，我们和其他粒子集合物相撞，一口气就能扩大一倍。增速太快了，我们在几百年后就变成了一个直径数米的大尘块。要是我们撞上你们的地球，可会对它造成很大的伤害呢。

在最靠近太阳的四个轨道上，有几个由重元素形成的小的行星——别忘了，太阳风吹走了所有的轻原子们。

最里面的行星是最小的。它的轨道离太阳很近，所以它具有最大的轨道速度。下一个行星要大一些，它在第二条轨道上旋转。我和莫娜所在的行星落在围着太阳的第三条轨道上，它的体型比前两个小，但它并不是孤单地在这个轨道上旋转。一颗卫星也出现在这里，和它共用一个轨道。

轨道速度并不取决于行星的大小，而是取决于它们和太阳的距离，所以我们的行星和这个卫星的速度大致相同。我和莫娜跟着行星一起和卫星一前一后地运转。

第四个轨道上也有一颗行星，它的质量介于第一颗行星和第二颗行星之间。

再往外是一个由几百个碎片和小行星组成的区域。这些物质都没办法再把其他碎片聚到一起，它们形成了一个地带，把带内行星和带外行星分开来。

在小行星带之外有四颗大行星。在第五个和第六个轨道上的是两颗巨大的星球，上面主要聚集了被太阳风吹过来的轻的氢粒子。不过，和太阳相比，它们看上去还是很小。

第七颗是外部四颗行星中最大的一颗，它还在持续变大，而且也在这个过程中升温了很多。很可惜，它的体积还是不够大，它内部的核火不会被点燃。我想，这里的物质也不是非常匮乏，如果它有机会成为这个太阳系中的第二个太阳，创造双星系统，那一定很酷。

　　最后一颗行星体积比第七颗行星要小一点，但它也算大了。显然，它不想要卫星，所以它选择让行星环绕着自己。第七颗行星和第八颗行星离得太远了，我们很难知道它们的信息。在星系中央，一场灯光秀正在上演，而在第三轨道上更将发生一些神奇的事情。

新星球，
新家园

我所在的天体由发光的物质组成，可能其他星球也是这样。这些物质不是固体，也不是气体，而是很坚硬的液体岩石。它们由于尘块的冲击不断被分割、加热。好吧，我对它们的热情很有限。如果我可以选择的话，我宁愿降落在太阳上。

可惜的是，并不是每个原子都在这种黏稠物的表面上占有一席之地，因此我们始终无法自己观察在这里发生的事情——连紧靠着表面的几个原子层都已经看不到任何东西了。还好我们有一个信息流沟通渠道，占据表面位置的原子观察到发生的事情之后，可以迅速通知我们。他们带来的新奇事物让粒子们兴奋不已。

显然，我们跟着第三轨道上的另一个颗行星飞行，它飞在我们前面。有一天——现在又可以按天来计算时间了，因为我的行星绕着太阳旋转时也绕着自己的转轴旋转，这使我们能看到太阳升起落下，也有了更好的时间感。

有一天传来了一个消息，说我们正在逐渐靠近另一个颗星球。也许是我们的轨道离太阳更近了一点，所以我们飞得更快了。或许是两个行星之间的引力确保了我们可以相互靠近。

多让人激动呀。 如果我们与另一颗星球相撞会发生什么呢？

我不由得想起以前在双星系统中的伴星，它是在超新星爆炸之后飞走的。从那时到现在已经过去了几亿年。它找到目的地了吗？ 如果找到了，它在什么地方和什么物质发生碰撞呢？ 还是它的生命也该结束了，最后走向了爆炸呢？

无论如何，我希望我的星球能追上前面那颗星球，因为这一定会带来一些变化。当然，行星没有很大的质量，爆炸会受到限制。但是被释放的能量也许可以引发一些事情。现在在这个黏稠的岩浆里没什么好玩的。

碰撞的能量也许足以引起两个行星爆炸。如果幸运的话，就可以飞到太阳那里，那里才是有趣的事情发生的地方。

这是一次漫长而无聊的追赶。两颗行星都在忙着收集碎片，让自己继续变大，为碰撞做准备。两颗行星之间的引力场足以影响彼此的运动，因此我们慢慢追上并越来越靠近另一颗行星。几千年后，碰撞终于要发生了。

我们向和我们抢轨道的行星发起了攻击。我们星球的体型比较小，但还是从后面赶上了。不过，在一千多年的追赶后，很难发生什么惊人的故事。

虽然另一个颗星球对我们的追赶没有任何抵抗，但这不代表我们只是靠运气追上它的。

这次接触绝不是直接的打击！经历了以前一千多年的追赶，怎么可能发生精准的撞击呢？是不是引力作用不够强，不能让我们正面相撞，引起真正的爆炸？还是因为两颗行星绕着太阳公转的轨道是椭圆形的？不管怎么说，我期望的可比实际上发生的更多。

但这次爆炸也不能说无趣。突然间，一切都发生得很快。甚至在第一次接触之前，两个行星就变形了。在共同引力场的作用下，这两个球形的物质堆积物变成了蛋形，几秒钟后就发生了碰撞。强劲的爆炸搅乱了所有事情。

好吧，这不是超新星爆炸，但确实也很猛烈。这是我在过去十亿年中经历的最好的一次。每个粒子都对它留下了深刻的印象，在接下来的几天里，互相不断地讨论着这次爆炸是如何发生的。现在可以不用担心了。

碰撞使我们变得很热，但离太阳的温度还差得远。由于碰撞释放出的大量能量，两颗行星破碎成上千块碎片，或者说，它们形成了巨大的岩浆液滴。两颗行星上的物质混合在一起，剧烈升温。一些碎块继续分裂并被弹进宇宙。因为我们并不是正面撞击另一个行星，所以碎片和岩浆液滴的运动产生了涡流。引力必须努力使这一团混乱的物质聚在一起。

几分钟后，混乱结束了，涡流的中心出现了一个新行星，它迅速形成一个球。和以往一样，引力只允许它变成球形。

接着，被弹开的碎石形成了一个绕着行星旋转的环状物。还有一些碎片合并在一起，在短短一百年后形成了同样绕行星旋转的月球。月球很快收集完最后一些碎块。大约过了一万年,一切都被清理干净了。

　　一些碎片也落在了新行星上。这颗行星还在中心旋转,形成了太阳系中的第三颗行星。你们可以猜到了吧,这颗行星就是你们的地球,新形成的月球绕着它运行。当然,它们都继续绕太阳公转。

　　地球的自转轴略微偏向绕日轨道,所以一年之中,北半球和南半球交替着从太阳那里得到更多能量,这也导致了季节变化。

　　莫娜和我在爆炸中忍痛分离。我从她那里听到的最后一句话好像是"保重,谢谢你的陪伴"。我们在一起度过了数百万年,所以我很不想和她告别。可惜我不能好好对她说再见。她把一个电子留给我,但是后来被氢夺走了。

　　我降落在地球上。这次爆炸挺好的,但爆炸强度还是不足以让两颗行星完全变成碎片,并把我弹向太阳。莫娜一定也在这里,但我不知道该去哪里找她。这里的情况和之前的星球几乎一样。地球也是巨大的、发光的黏稠蛋型物质，虽然有月球在旁边遮挡，但还是有很多碎石不断撞击过来。此外，还有来自陨石的大轰炸，它提供了一点点能量，阻止地球表面过快地冷却，使地壳得以形成。月球也没能幸免于陨石的撞击，你们今天看到的大多数月球陨石坑都是那个时候形成的。

几百万年后，轰炸逐渐平息。显然，行星们已经清理了自己轨道上的一切，把一些较小的天体据为己有。安静的数百万年过去了，实际上并没有发生什么事情。地球慢慢冷却。每隔几千年还是会发生一次重大的陨石撞击，除此之外就没什么好说的了。真无聊啊！

地球由很多种元素构成，其中氧原子是最常见的。他们的数量太多了，我不得不放弃从那么多氧原子里找到莫娜的希望。除了氧之外，还有很多铁和硅。

高温的岩浆中形成了两个派别，一个是铁元素派，另一个是硅酸盐派。铁元素聚集起来，形成滴液，因为他们比较重，所以慢慢向液体岩浆底部下沉。他们在地球内部形成了由铁、镍和其他铁元素粒子构成的核心。

由较轻元素构成的硅酸盐们被向上推动，形成了宽阔的地幔。这也是大多数氧原子四处游玩的地方。

地球表面仍然是流动的液体，还要很长时间才能逐渐形成地壳。我加入了轻元素大军，来到液体表面。那里的氢少得惊人，而我的碳伙伴显然也不多。

我想在表面上和其他碳朋友一起玩推氢游戏，但我忘了怎么玩了。我也忘记了自己的电子们。这里的岩浆太黏稠了，根本推不开氢，而且他们甚至紧紧地黏着我。氢会在我不注意的时候向我扑来，让他带来的唯一一个电子占据我的一个电子空位。我仍想抵抗，但第二个、第三个、第四个氢原子又悄悄接近了。每个氢都紧紧抓住我。这样一来，我就被氢原子四面包围，他们看起来像构成了一个四方形的笼子。他们和我一起组成了一个金字塔形的分子。真糟糕！偏偏有四个氢原子要围着我！

我们被推到表面，可以离开岩浆了。在那里，一些活跃的分子刚刚形成了年轻的地球上的原始大气。我们也加入了其中。不止我被四个氢原子包围，许多其他碳伙伴也遭遇了同样的事情，他们也被困在一个小小的氢金字塔中，和氢形成甲烷气体。

大气中还有氮原子，他们总是成对飞行。另外还有大量水分子。我们一起形成了一种高温气体，其中还没有氧气。

热量使我们在大气层中以适当的速度运动。我们再次利用扩散运动来探索地球表面。我们随意地在年轻的地球上跳舞。不过很可惜，我的视野不是很好，因为四个氢原子阻碍了我的视线，这让我很不高兴。

大气还很稀薄，但是和在形成太阳系的星云中相比，在这里和其他气体粒子碰撞的机会要多得多。地球表面很平坦，几乎没有起伏。地表的大多数位置会发光，一些气体分子从岩浆中蒸发出来，加入我们的行列，增加了大气密度。

地球表面慢慢冷却并开始凝固。但是月球的引力像在揉捏它一样，让它不断变形。这使地球成为一个棒球状物体。月亮吸引着地球上的物质，在一侧的地表形成一个指向月亮的凸起。地表另一侧还有另一个凸起朝着月亮的相反方向。我不知道第二个凸起是什么。

因为地球自转的同时月亮绕着地球转，所以凸起也在赤道上环绕着移动。一直到今天，海洋潮汐也还是这样运动着。同样的事情可能也发生在月球上。两颗星球都因另一颗的引力场而变形。这种变形消耗了很多由这两个星球旋转运动而产生的能量。

两颗星球的自转速度减慢，导致地球上的昼夜变得更长。月球甚至延缓了自己的自转，让自转速度和绕地球旋转的速度保持一致。从那时起，我们只能从地球上看到月亮的一侧，因为另一侧总是很机灵地转到另一边。没有谁能知道月球背面发生了什么。

旋转和减速过程一定在地球岩浆内部引起了大的流动，因为有一天地球周围形成了磁场。磁力线从地球的其中一个极端出现，并在相反的一极再次消失。磁场一直变强，在某一刻强到足以让吹向地球的带电粒子和太阳风转向。太阳风因此从地球旁边吹过。在磁场线的尽头，也就是地球的两极上，太阳风仍然穿透了大气。然后，带电粒子和年轻的大气粒子们摩擦，让他们发光。最初的极光出现了。

磁场让太阳风偏转是一件好事，因为这让大气层变得更安静。太阳风中的大部分粒子都是带高能量的氢，他们一直困扰着我和我的碳伙伴。

带来水的冰彗星

一天，一颗不小的冰彗星掉到了地球上。全世界都可以感受到它的影响。它在大气中奔跑，产生了一条长长的凝结痕。这颗彗星主要由冰构成，所以它带来了大量的水，其中大部分被释放到大气中并形成了尾迹。不过彗星里还包含其他元素，在撞击之后，我遇到了很多自称和彗星一起来到地球的原子，他们的数量多得惊人。

这些原子说他们来自太阳系靠外的区域。太阳系形成后，在外围还产生了一片云层。最初，云中的物体也更靠近太阳。但当行星开始清理周围环境时，主要会产生两种情况：

一种情况是物体被附近的行星捕获，然后撞上它们，被行星吞噬。

另一种是物体被吸引，飞向行星，但在掉落的过程中从行星身边擦身而过，被弹进宇宙中。这时，外围行星在清理工作方面发挥了非常大的作用，它们将这些物体吸引过来，让它们离开太阳系内部。这里也有"行星弹弓"的影响，就是它在我第一次试图接近太阳的时候阻止了我。显然，"行星弹弓"在宇宙中很常见。

但是，这些物体仍然无法离开太阳系。它们只是停在围着太阳系的云层中。云层围绕太阳非常缓慢地旋转，其中包含了很多彗星。

有时太阳系的引力场会出现不规则现象。这时候就会有一颗彗星离开这个停留之处。引力场很复杂，它不仅仅受到太阳影响，太阳系中的所有物质都会影响它，就连我也是，尽管影响不大。

因为各个天体都在运动着，所以引力场也在不断变化。如果所有星球都排成一列，很可能会使彗星失去平衡，离开云层并缓慢向太阳运动。这不是经常发生的，而且就算发生了，大多数时候也不会引发什么后果。还有一些彗星在一个长长的椭圆轨道上围绕着太阳旋转。

冰彗星撞击地球纯属巧合。然后又偶然地出现了四颗彗星，它们几乎也全部由冰组成。它们先是发出轰隆声，然后嗞嗞作响，让冰冻的水变成水蒸气。它们炸毁了地壳，每次我碰上水蒸气，都会在我小小的氢笼子里剧烈摇动。气体变热了。因此，我们飞行的速度提高了，更频繁地和其他气体微粒相撞。我们像在桑拿房中，在滚烫的气体中被热浪侵袭。

除了出现这种大事件以外，大气整体来看越来越冷了。某一刻，温度下降到水的沸点以下，然后就开始下雨了。起初，只有几个雨滴从天上掉下来，它们靠近地面时又变成蒸汽。紧接着就连续下了四万年的大雨。一天，空气温度足够低了，水停留在了地球表面。于是形成了巨大的水域和湖泊。河流渐渐充满并汇集在一起，然后形成了巨大的海洋。

来自太阳的光线中含有高能量的紫外线辐射。它不是特别强烈，但是可以破坏大气中的分子。紫外线击中了我和我的四个氢，我们的分子破裂了。因此，我终于能够摆脱氢原子，在大气层中自由飞行了。

后来又过了很久，我和两个氧原子碰撞，形成二氧化碳分子。当我们相撞时，本来紧紧拥抱的氧原子们马上放开了手，不由分说地把我圈在他们之间。我真不敢相信事情就这么发生了。

其他分子也被紫外线辐射分解，因此在大气中发生了许多化学反应。甲烷和水被分解成构成他们的元素。许多氢抓住这个机会，离开了地球。他们能做到是因为他们足够轻，可以摆脱重力的作用。我可一秒钟都没有想念他们。

一天，我和我的两个氧原子与一个巨大的雨滴相撞，这个雨滴受到重力吸引而下落。我们没有弹开，而是被这个潮湿的怪物吞到身体里。这是我第一次接触液态水，我非常愉快。我和我的两个氧原子很快在水中变得舒服。

我们把自己埋进水分子里。他们包围了我们，形成了保护我们的外壳，使我们受宠若惊。水分子能紧贴二氧化碳分子，因为这两种原子喜欢彼此。

我们在水中游得非常高兴，非常喜欢这种聚合的状态。液体比气体温和得多。从原子的角度看，水就像凝胶一样。我们可以在里面一直和其他粒子保持接触，但不会发生激烈的碰撞。我们可以漫游、滑行，可以自由移动，不会像在固体中一样被束缚。我不太明白为什么会那么舒适，毕竟水里存在大量的氢，而你们也知道我和他们相处不来。

我们被雨水带走，进入了一个大水坑。我们加入了其他水分子，一起把海洋填满。一直有不同的水分子和我们发生反应，突然，三个氧原子包围了我。我用手臂环住一个氧原子，又用两只手各抓住一个氧原子。靠外的两个氧原子身上还挂着两个氢原子。幸好他们离我远，我不用担心要和他们分享电子。这种情况并没有持续很长时间，我们很快分开了。我原有的一个氧原子被新来的氧原子替换了。

与此同时，地球上的温度进一步下降，高层的大气中形成了巨大的白色结构，它们在大气中飘浮着。这是数百年来出现的第一片乌云。

云层中的湿度特别高，其中形成了小水滴和冰晶。它们散射了阳光，使云层变成白色。

我们第一次进入这种白色结构时，我和两个氧原子正被困在一滴水里。云层中有强烈的上升气流，它带着我们的水滴，像电梯一样把它送到上层。水滴不断变大，因为越来越多的水分子加入了我们。随着海拔升高，温度变得越来越低，水滴在某一刻瞬间凝结成冰。越来越多的水分子直接冻结，使小冰晶继续长大，变成冰雹颗粒。直到它变得很重，上升气流不能把它继续向上吹了。这时候重力占了上风，把我们向下拉。我们和很多冰雹颗粒一起掉了下去，和被上升气流吹上来的冰晶们擦身而过。每当有冰晶经过我们时，它们就会释放一些电子给我们，所以这些冰雹颗粒带负电。

带正电的轻冰晶随着上升气流向上飞行，带负电的重冰雹因为重力而下落。云中的带电量越来越多，其中下部带负电，上部带正电。整个电荷积累的过程以放电结束，迅猛的雷电会平衡电荷的差异。

电子们在寻找一个共同的通道，从云层中电子过多的部分冲向电子少的部分。这个过程释放出巨大的能量，使通道变热并像爆炸一样膨胀，放射出短暂的光芒。开始闪电了，膨胀的通道一声巨响，雷声也出现了。

通道中的分子全部消失了，但没有谁因此感到不安。实际上，这是一个绝妙的让我们摆脱烦人的氢的方法——只要能幸运地在适当的时机进入通道。不过，我们不能预料什么时候会闪电打雷，所以我们都很少成功。

现在有天气变化了，但你们一定不会觉得这是好天气。强风继续把带电的云层扯开，放电过程一直持续发生。云层中有很多闪电发着光，也有的闪电从云层直接撞到大地上，或进入水中。电光和雷声放肆地展现威力。

闪电和紫外线辐射会使许多分子或单个原子分裂，产生非常活泼的自由基，因此在化学层面上发生了很多反应。在这些反应中，许多原子失去了一个电子，空出了一只手，然后迅速抓住了另一个原子。大家兴奋地交换伙伴，认识了很多志趣相投的元素。

这个交友派对还是比不上恒星里的狂欢。这里太冷了，我们没有足够的能量用来狂舞。这更像一个鸡尾酒会，原子们见面问好，组成小组，愉快地聊天。化学键让我们可以长时间对话。

二氧化碳分子在两个世界之间穿梭。在水中，我们在一群水分子身边游戏。水面下几米的深处总是很平静，在这个梦幻世界中，我们可以放松身心，享受水分子的抚摸。我觉得自己在泡温泉。但是不久之后，我又觉得这里很无聊。

我们也会在水面世界玩。和在水中不一样，这里有呼啸的暴风雨和层层大浪。运气好的话，我们可以离开水体，和一些水分子一起蒸发，进入到大气中。然后我又开始随风飘走，直接暴露在恶劣的天气、紫外线和雷电下。我不停地换伙伴，直到被一个雨滴抓住、带走，最后又回到了大海。在海里，我只剩四个价电子。这可是第一个碳循环，虽然不是什么大壮举，但是绝对值得纪念。

地壳越来越硬，覆盖了热的岩浆。大板块在岩浆顶部的漂浮，像冰漂在海上一样，它们构成了大陆。

陆地不是静止不动的，它会因为地球内部的巨型岩浆流产生位移。各个板块相互挤压，受挤压的边缘堆积起岩石，山脉开始隆起。在板块相互远离的地方出现了裂缝，岩浆从那里渗出。裂缝之后慢慢地闭合。这些裂缝大多都位于海洋深处，让海水剧烈升温。

现在，陨石的攻击已经平息了，每隔几千年才会发生一次重大撞击。

雨断断续续地下着，有时候一场雨会下数百年。太阳时不时地会出现在天空中。太阳已经控制了它的氢燃烧，开始稳定而持续地输送能量。

当太阳从地平线升起时，它看起来很小，很不起眼。大多数时候它显得很冷酷，但我知道太阳内部正在发生什么，也知道里面的派对气氛多么热烈——相比之下，在大气中的交友派对只是一个小茶话会。

特殊的原子们

狂风暴雨仍在继续，雨滴一直降落，整个地球都被坏天气席卷。电闪雷鸣和风暴在海上肆虐着，巨浪堆积在水面，水与大气的边界常常变得模糊不清。放电过程让水体也进入带电的活跃状态，放射反应进一步刺激了这种状态。

许多原子不稳定，因为他们的原子核有些不对劲。这些原子核随时可能分解，释放一些能量。造成这种情况的原因是弱相互作用力。他们永远不会提前知道原子核什么时候会分解。100个放射性原子核中有一半（也就是50个原子核）会在某个时段开始半衰期，剩下50个原子核则会在这段时间内保持稳定。这个半衰期结束后，又有一半原子核会产生衰变——这次的数量只有25个！这种衰变的过程真的很特别，会持续发生，直到只剩下一个原子核为止。这个原子核可以立刻分解，也可以在半衰期再次发生的时候再分解。

如果我们身边的分子中有一个放射性原子核，我们不会知道他什么时候会产生衰变。半衰期规律不会对单独的原子核起作用，所以他可以立刻衰变，也可以在数千年后才衰变。这让一切变得很刺激，而且完全无法预测。

有些原子看起来很像碳原子，从表面上看，他们的外形和我们接近，原子核带的电荷也一样，而且具有相同的电子数。但是他们的原子核更大一些，因为他们包含更多的中子。

大多数碳伙伴像我一样，原子核中有六个质子和六个中子。有一些伙伴拥有七个中子，不过这不要紧，他们只是有点超重，除此之外完全正常。最重要的是，他们能保持稳定。

有些碳伙伴比我多了两个中子，也就是说，他们的原子核里有六个质子和八个中子。这让我觉得有些惊讶。他们像是患了人格分裂症，可以随时变成一个氮原子。

弱相互作用会突然发生，把一个中子变成一个质子——也许这是因为他们的原子核里中子太多了。就这样，这些本来看起来像碳的原子变成了氮。

这种变化常造成很大的混乱。氮的化学性质不同，他们衰变时会从原子核中释放一个电子和一个中微子。实际上，被释放的是反中微子，可能在强相互作用力的影响下离开原子核。离开原子核的电子身上带着一些能量，在水里漂来漂去放着电，也产生了一些能量，而中微子却和以前一样，悄悄消失了。由氮元素组成的分子当然也会消失，因为他破裂了，或者说他的身体突然缺少了一部分。

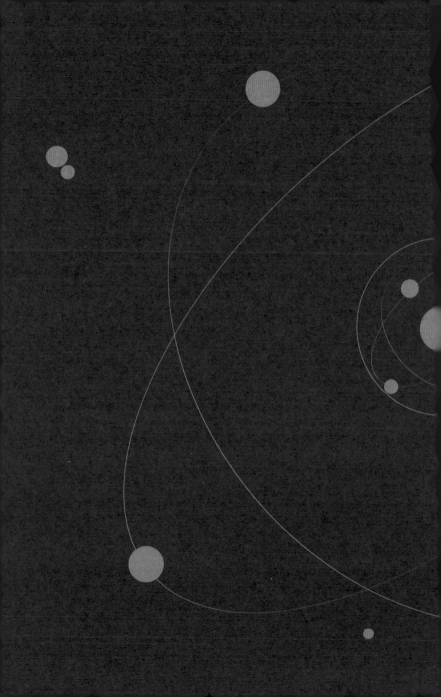

大分子的扩散

地球的温度慢慢下降。对于较大的分子来说，这样的温度很奇妙。如果温度太高，他们就很容易因为无规则的热运动而破裂，无法存活太久；如果温度太低，大分子就无法形成，因为形成大分子的化学反应根本不会发生。

现在的条件对于大分子来说是最好的：大气温度适宜，放电过程也为形成新分子提供了能量——这些全新的分子以前是完全不存在的。许多活跃的粒子们也积极地帮着创造新分子。

当然，所有事情都发生在水中。在这里，大分子们觉得很舒服，像是身处一个专门为他们创造的宝地。我必须说我也很喜欢待在水里。

在一定的温度范围内，水呈现出液态，而大分子们在液态水中能保持稳定状态。水分子上的小偶极子把很多水分子连接在一起，温柔地包围着大分子、小分子和其他组成分子的原子团们。一系列化学反应在水中接连发生着，因此产生的热量也顺利地散布到四周。这使得温度永远不会太高或者太低，而且最重要的是，水会吸收从太阳直射到地球表面的紫外线——它对于大分子来说是致命的攻击，因为它具有充足的能量，能从中间击穿连接在一起的大原子团并破坏他们。

水对粒子们的保护是这样实现的：水面的水分子们被击碎分解，然后吸收紫外线，让辐射无法继续进到水中更深的地方。分解后产生的活跃粒子们经常相互反应，形成氧气和氢气。两种气体会从水中进入大气。在大气中，氧气继续抵抗着紫外线辐射，臭氧就产生了，而且变得越来越多。

前面我们说过，许多以前不存在的新分子通过各种化学反应产生了。我和我的碳伙伴几乎参与到所有的反应里，并且创造了很多新分子。碳们不会挑剔和自己结合的原子们，我们没有任何偏好，差不多可以与所有原子相连。

不过我们还是更容易和自己的碳伙伴们结合在一起。每个碳原子实际上都有四个小手臂，可以抓住其他碳原子，形成长链、支链或者可以挂住其他原子的环状结构。这通常能构成大型粒子结构，进一步形成很多大得出奇的碳基分子。

如果我们的手臂空出来的话，总会被烦人的氢原子牵住。他们就像寄生虫似的，我可不喜欢这样。但是我们不能摆脱他们。我没有办法，只能和这些小玩意儿达成协议。从化学反应的角度来看，我们在一起相处得挺好的。这为我们未来一起生活奠定了新的基础。我也要试着和与氢原子们和平相处。

氧、氮和硫原子也喜欢和其他原子结合，喜欢挂在碳链上。他们在碳链的末端（有时也在中间）形成具有某些功能的小小原子团，也叫官能团，他们可能会大大改变分子的性质。

一个由碳和氢原子们构成的长链就是在末端生成这样一个原子团的时候完全改变了它的特性。一开始这个长链也不是很活跃，只是一团在水中懒散游动着的惰性分子。官能团生成后，它变成了派对之王，对化学反应表现出极大的兴趣，开始主动和其他粒子结合。这样的转变有时仅仅是因为一个新原子挂到链条上。

　　官能团可以通过吸引或释放原子来存储能量。他们会影响周围环境，改变他们遇到的其他分子。碳原子们大多数时候是个观察者，幸运的话，我们可以在官能团旁边看清楚正在发生的事情。官能团带来了很多意想不到的变化，这让我和我的碳伙伴兴奋不已。有一段时间里，我们完全痴迷于创造新分子。

　　有一些分子的构成比较简单，比如酒精、糖或者脂肪，我们只需要抓住氢和一些氧原子。官能团会吸收氧原子。这些分子中，有一种数量猛然增加的分子特别惹人注目。他们是氨基酸，由至少连着两个官能团的烃链组成。其中一个官能团里包含一个氮原子，另一个包含两个氧原子。氨基酸不断堆积，形成了更大的结构，也就是人类所说的蛋白质。

　　从某一刻开始，大分子们突 w 然可以自我复制了，分子数量增加得越来越快。我不知道他们怎么能同时完成两个任务，他们必须一边记住自己的结构，一边复制出新分子。他们先考虑哪件事情呢？这对我来说仍然是一个谜，简直和先有鸡还是先有蛋的问题一样难。我不明白是什么让他们能够同时想两件事的。自我复制并不是把分子结构信息存储在某个地方，而是信息储存和重现两个任务的精确配合。可惜我还是没有看到分子们是怎么协调这一切的，可能当时我又和两个氧原子进入大气层中进行碳循环了。

一些亲眼见过自我复制的碳伙伴说，这和海洋底部的热气喷发口、热泉有关。

喷射出的水里含有必需的元素，随后形成的沉积物和它们构成的层状结构可能就孕育了第一个能自我复制的分子。

其他碳原子觉得第一个这种分子来自于聚集着特定元素的小坑，他们说在被带能量的闪电击打后，水坑里就有了原始汤。在这里，分子的组成部分附着在晶体表面，然后形成第一批大分子。这些组成部分后来学会了自我复制。

还有一些碳伙伴说这些分子是彗星把水带到地球上的时候来到地球的，但是他们也不知道地球之外的分子是如何形成的。

　　无论如何可以肯定，当时地球上的条件对于大分子而言非常有利。就像我刚才说的，除了碳原子伙伴们之外，氧气、氮、硫和磷也一直不断结合到一起。当然还有氢。随着时间的流逝，分子变得越来越复杂，越来越大。化学反应（尤其是官能团的形成）变成了一件很酷的事情。

　　不过，我在一段时间的结合后总会休息一下。这时我就更喜欢和两个氧原子结合，在大气中做扩散运动。我们随风飘动，或者享受水的保护，体验着简单碳循环带来的愉悦。

生命之手

　　一天，大分子们有了某种突破。事情开始运转了。我在一个水坑里见识了生命。那天下着小雨。我和往常一样带着两个氧原子在大气中飞来飞去。我们被一滴因为重力而掉到地上的水滴困住了。它像以前无数次一样掉进了水坑。

　　这个水坑在你们看来可能不是那么吸引人，它闪烁着绿色的光泽，里面充满了浑浊的咸水，许多大分子在其中变宽变长。不用说，几乎所有分子都是由碳构成的，并形成了有趣的链条。碳是绝对的主宰。这是我的世界，我瞬间觉得回到了家。

　　水坑里有一些看起来像是水滴的大块物体，它们被包裹在一个很薄的外壳中，这个外壳由交织在一起的很长的分子链构成，把所有东西聚在一起。进入这些物体要花一些工夫。经过几次不懈的尝试，分子链让步了，同意让我和我的两个氧原子进去。这个外壳很坚硬，但对于我们这样的小分子来说是可以穿透的。现在我们在一个细胞里，它是生命之手创造的第一批产物中的一个。

我觉得这个细胞看起来很大，就像你们在看一个有很多居民的小村庄似的。他主要由水组成，但是里面的大分子浓度却比外面大得多。细胞里还有很多巨大分子，他们会形成一条长链或长线。这个长链是由核酸组成的，核酸们排列在一起组成爬梯的形状。和以往一样，依旧是碳原子把所有东西汇集在一起。没有我们碳原子，一切都不会存在。

其他胖胖的球形分子们不断试探着这条长链。很显然，链中核酸序列的信息已被编码，当大分子们像细绳上的珍珠一样在沿着长链滑动，并产生新的原子串或者小型连接结构时，这些信息就要选出适合吸收的大分子。新的大分子产生，或是分子长链中的信息被复制并增加一倍，这样的过程不断在细胞中发生着。一切似乎都井井有条。我从没见过这样的场面。

我更喜欢杂乱和混沌，所有的事情都是随机发生的，无序会不断增长。但是在这里，一切的运行像钟表行走一样，没有生命力，只是无情地运转着。令人难以置信的是，许多原子甚至能在分子中获得一席之地并相互协作。这一切是一个单打独斗的原子不可能知道的。细胞是一个化学工厂，其中发生的化学过程一直被把控着，所有事物的运行都建立在某种秩序的基础之上。真是难以置信，对于我来说，和我的两个氧原子达成一致就已经很难了，他们可还是和我一起构成二氧化碳的旅伴呢。

在细胞中心正好有一个大分子要复制一条特别长的分子链。在他完成这个过程时，两条长链仿佛被一双魔术手拉开了。细胞开始收缩，并建立起一道隔板，这样一来，两条长链都拥有了属于自己的新细胞。然后这两个新细胞会互相分离。

细胞变成了两个，或者更确切地说，细胞分裂了。我和我的两个氧原子留在其中一个细胞里，不断惊叹着。这太酷了，对我来说是全新的事物。

细胞是一个封闭的系统，细胞中发生的反应都有特定的目的，而不只是偶然的化学反应。发生这些反应需要消耗能量，细胞在这个过程中就具备了代谢的能力。为了完成这些过程所需要的信息储存在大分子长链中，我们可以随时通过这些大分子们获取这些信息。这些神奇的细胞可以自我繁殖，把他们的核心信息传递下去。细胞们是活着的。我看到了生命，分子之间的相互配合也让我着迷。

到目前为止，我只知道宇宙。它的广大和多面性都让人难以置信，事物按照一些物理定律运行，很多过程是可以预见的。不过所有不寻常的事件——特别是在原子层面发生的——都是偶然发生的。我们粒子有自己的意志，比如我就想回到恒星里。但是这个愿望是不可能实现的，因为宇宙中的物质最终还是要服从物理定律和机缘巧合。我在宇宙中的生活就完全建立在巧合之上。

但是我在生物体内的生活似乎有所不同。这里发生的过程都是受到操控的，但是仅凭这一点就可以表明，生物还没有准备好接受突发状况。他们有针对性地运用自己拥有的少量能量，并且他们能够存储和传递信息。这看起来完全就像他们想要执行自己的意志——当然他们也可以做到。在这样一个小细胞里诞生的是一个全新的世界，而且是一个构建在碳这个基础上的世界！谁能想到呢？没有我和我的碳伙伴们，这里的一切都不会发生。我们搭建了生命之手进行一切尝试的基石。

当然，第一批细胞只能诞生在水里，这里是生物们嬉闹和躲避紫外线的理想之地。在这里，生命之手可以在安静的环境中进行试验，为它的首次登场做准备。但现在还远不到登台的时候。现在仅仅是个开始，还要过数亿年生物们才能执行自己的意志，才能有离开水体的勇气。

现在轮到我们出场了。细胞注意到我和我的两个氧原子了，他希望让我们参与某个过程。我们感到非常惊讶，但又顺从地接受了这件事。但是突然间细胞破裂了，我和我的两个氧原子被扔了出去。我们蒸发了，回到了大气中。

显然太阳发威让水坑变干了。生命之手对此无能为力，它还没为这种危险做好准备。细胞没能活下来，而是破裂了。

好吧，细胞似乎还不太稳定。我回到了以前的生活，让生命之手用数百万年的时间来重新打磨这东西。

还有一个问题困扰着我。细胞中发生反应的能量从哪里来？代谢是怎么实现的？尽管细胞中的能量相对来说很少，但是完全没有能量他们就会寸步难行。

在接下来的几千年中，我发现了细胞代谢和获得能量的秘密。最早出现的细胞们在产生能量的时候将大量甲烷排放到大气中，而我经历了很多次这样的过程，不得不说，这并不让我觉得愉快。我和我的氧原子一起被细胞吸收，然后和他们分开，并连接上四个氢原子。尽管我和氢原子和睦相处，但作为这个氢原子四足鼎中唯一的碳原子，我觉得孤零零的，所以少了点热情。接着，我们进入水体，又从水中重新进入大气。

幸运的是大气中有推动化学反应发生的紫外线，我才得以摆脱了四个氢原子。我最喜欢的还是与两个氧原子结合在一起，但是这往往很难实现，因为当时大气中的氧原子很少。在某些时候，我又会以二氧化碳的形式重新进入水中,然后重新开始上面所说的那种循环。

有时候我会待在细胞里观察内部的情况,直到细胞破裂为止。这些生物体还不是很稳定,只要受到一点点干扰就会崩溃,比如天气太热了或者太冷了,或者只是它们游泳的水坑变干了。

然后,生命之手又有了一个好主意。它发明了光合作用,最后还利用了整个环境中最强大的能源,也就是太阳。其实我在好久之前就可以做到这些,但是没有谁来过问我一声。蓝藻是最早完成光合作用的生物,他们因此也书写了生物的历史中下一个重要篇章。

我认为光合作用这个主意非常简单。聪明的小细胞们利用了取之不尽的阳光和水。在阳光的帮助下,他们把水中的氧原子和氢原子分开,氢成为能源,氧气则作为废物被排放到水中。好吧,细讲起来这个过程还是比较复杂的,但是细节并不重要。

这是生命之手到目前为止想出来的最好的主意,所以它决定要休息一下。生命之手对自己太满意了,所以有些自得其乐，以至于过了十亿年之后才尝试开始一些新创造。它显然一点也不在乎时间。

但蓝藻不同，他们利用时间努力地繁殖并制造大量氧气。这些人类无法用肉眼看到的生物开始从根本上彻底改变地球。

引发改变的是被释放的氧气。他们先是氧化了水里所有可能被氧化的物质，直到水中没有任何可以氧化的物质以后，他们就进入大气层。这些游离的氧气在这里和他们身边的许多物质发生反应，特别是铁。最初，大气中的氧气含量并没有激增，在铁被大量氧化之后，氧气才开始在大气中扩散。氧气浓度变得很高。

同样地，二氧化碳也成为被蓝藻分解的受害者。在细菌出现之前，它们一直大量存在于大气中。四亿年内，生命之手指挥着生物们消耗了大气中的大部分二氧化碳。这些气体被细菌转化到生物群中。

细菌一不小心就会和碳原子们一起沉入海底，躺在那里，形成主要由菌泥构成的沉积物。一些二氧化碳分子还在水中和钙结合，形成不溶于水的分子。水体并不想像对待二氧化碳一样围在这种物质身边，也不想迎合他们。这些分子完全被水排斥，他们聚在一起形成小团块，然后也沉入海床。这导致海洋底部产生了巨大的含有大量碳的岩层。还好我幸免于这样的命运，否则我们的故事可能又要面临结束。在这样的深海中，大多数碳至今都没有被释放出来。

　　二氧化碳大量消失，许多碳伙伴躺到了海底。然而，细胞却在继续发展着。他们的抵抗力变得更强了。新的细菌和藻类出现，所有生物都把阳光当作能源。越来越多的氧原子被释放。

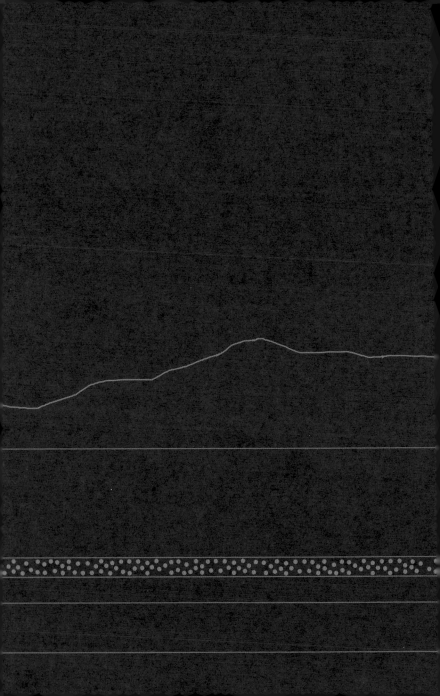

碳原子的沉积层

在地球表面，水和土地分开了，形成了一片广阔的大陆，和包围着大陆的更为广阔的海洋。如果把地球看成一个圆球，从相反的两侧观察它，那么其中一侧被像大板块一样漂浮在海上的大陆覆盖，而另一侧全是海水。

生物们在水中嬉戏，但大陆上仍然一片平静。这主要是由于紫外线辐射会对所有离开水的生物造成严重的晒伤。

这块后来被称为罗迪尼亚的大陆非常干旱，因为乌云和降雨没能来到大陆内部。所以，生物们也躲开了这块大陆，聚集在潮湿的地方。整个大陆又热又干，而且被大量铁锈覆盖。

生物们在水里用固体物做实验，然后发明了可以让自己安心居住的小罩子和壳。我不知道这些壳是用来干什么的。也许它们确实有很好的作用，也许只是某个生物做出这个壳，然后其他生物有样学样罢了。每当一种生物拥有某个东西时，其他生物也会想得到。直到今天，这种情况也没有太大变化。

我被一个有小罩子的生物抓住了，成为它极小的房子的建筑材料。这个房子由石灰构成的，它是一种钙、氧和碳的化合物。几年后，这个生物死去，它的保护罩在水中漂浮，一路沉到海底。这里还躺着无数同样的物质。越来越多的壳慢慢落在这里，石灰和沉积物的淤泥覆盖了我们。深达一千米的海水和我们上方沉积物层释放出的压力，让孔隙水从沉积物微小的缝隙中流出，并使固体颗粒黏合在一起。我们慢慢变成了石头一样的团块，形成了你们所说的白垩岩。当然这不是一夜之间发生的，而是经历了数十万年的时间。

在接下来的几百万年中，这种变化过程禁锢了很多碳原子，让他们不再存在于大气中。大气中的二氧化碳含量持续下降，更多碳被储存在石灰石中。

这也对地球产生了影响。为了解释其中的原因，我必须回过头谈谈大气中二氧化碳的作用和变化。

当我被风吹走，和空气中的其他粒子不断相撞时，我发现和光子们一起玩很有意思。我们会玩两种游戏，一种是光的散射，就是让光线射向不同的方向，还有一种是捕捉光子，或者说吸收光子。

光子传输的能量越多，光散射的效果就越好。简单来说，就是蓝色的光比红色的光更容易被散射。大气中的所有分子主要散射的都是蓝光，因此天空是蓝色的，红光则会穿过粒子。望着天空的时候，我们看见的都是偏转或散射的蓝光；而观察日落的时候，太阳看起来是红色的，这是由于蓝光在穿过大气的漫长过程中因空气中的分子而发生散射，到达眼睛里的大部分都是红光。

除了蓝色和红色外，天空中还有一些白色块状物，也就是云。在云中，光被比分子大得多的小水滴散射，它的散射原理和在大气中完全不同。这种情况下光的散射和颜色无关，所有光子都会被均匀地散射，使云呈现出白色，而不会有其他颜色。关于光的散射就先说这么多。

在第二种游戏——光的吸收中，光被抓住了。吸收了光的分子也吸收了能量，从而进入激发态。我已经说过，分子可以借助振动来存储能量，但这只在光的能量与分子保持振动状态的能量相匹配的情况下才会发生。

太阳发出的可见光几乎不会被大气中的分子吸收。大气可以被穿透，如果没有云，射线就可以不受阻碍地到达地球表面。

射线达到地表被吸收，然后产生热辐射，这时情况就大不相同了。

被辐射的光的波长大得多，可以使具有电偶极子的分子振动。某个原子会把电子拉近一点，在分子中形成偶极子，长波光子的影响继而体现出来。偶极子就像一个曲柄，光子可以在上面转动，使原子团处于振动状态。

大多数带着小扭结的分子都有一个偶极子。水分子就是一个很好的例子。实际上，水蒸气是光散射游戏中的最重要的气体之一，但是，蒸汽会让某些具有特定波长的辐射穿过。这时候我和我的碳原子伙伴们就可以加入光游戏中了。尽管我们在大气中为数不多，而且也没有偶极子，但二氧化碳和甲烷气体还是让我们有一定的存在感，让我们成为大气元素中重要的一部分。

分子吸收能量并会保持一段时间激发态。如果能量充足，分子们会通过创造光子再次释放能量。一些光子被送回地面，他们的能量被地表保留。

大气吸收辐射，又把能量送回地表，这种过程被称为温室效应，能让地球表面比原来的温度高出一些。如果没有这个过程，地球会在几百万年后变得冰凉，生物们也会遭遇灭顶之灾。因为对于生物来说，地球会变得太冷了。

二氧化碳和甲烷分子是光吸收游戏中的主导者。这两种分子的中心都是碳原子。到目前为止，我和我的碳伙伴们都一直保护着地表，让它保持温暖。但是现在越来越多的二氧化碳和甲烷从大气中消失，使温室效应变得越来越不明显。从长远来看，这一定会导致地球的冷却。但是，由于太阳在这个时候莫名其妙地开始升温了，地球的气候也保持了稳定——这很让人惊讶。太阳补偿了大气中温室气体减少对地球造成的损失。宇宙显然伸出了援手，短暂地保护了生物。

生物的外壳都落在海床上，在那里形成了石灰石。它在海床上躺了很长时间，直到地壳中板块的运动把它推向火山附近。热量燃烧了石灰石，喷发的火山把被释放的二氧化碳吹回到空气中。所以我最终和两个氧原子一起回到了大气中。整个过程不是短暂的旅行，而是几百万年的演变。我经历了这个循环两次之后，就开始提防这些外壳了。真奇怪，一方面，我非常喜欢生物们，它们带来很多新奇的事物。我喜欢细胞中的化学过程，即使它们变得越来越复杂，越来越难理解。另一方面，生物让越来越多的碳伙伴消失在海床的沉积层中。可生物不都是基于碳才能存在的吗？这样的矛盾让我摸不着头脑。

氧气占领大气层

一开始，生物并不在乎氧气，虽然在大气中积累得越来越多。氧气对生物来说可有可无，但在某个时刻，生物们发现氧气浓度越来越高，会对自己产生致命的打击，也给很多生物带来不少麻烦。

从化学观点来看，纯氧极具危害性，他们要寻找可以结合的原子或分子。铁原子抵抗氧的能力就很弱。当所有铁原子都与氧原子结合后，氧又会寻找新的反应伙伴，然后就可以发现生物。他们身上的大分子非常适合与氧原子形成化学键。

但是，这些分子将不再按照生物预期的方式发挥作用。生物分子被氧化，所有计划中的细节和过程都被破坏了。氧气让生物们心烦意乱。一些生物试图回到无氧空间中，但没有什么效果。生物们必须要处理这个问题了。他们发明了控制氧气的酶，接着，出现了对氧气有抵抗力的新生物。

然后，生物们急中生智，创造了一种可以利用氧气甚至从中获取能量的物种。这样一来，氧就释放了许多能量，让生物用于新陈代谢——只要控制好过程就可以利用氧气了。

现在有一些生物通过新陈代谢产生氧气，还有一些生物在新陈代谢中消耗氧气。生物让情况变好了，甚至发现氧更容易，而且能更有效地产生能量。新物种占据了很大优势，生物们都很满意。

大气中的氧仍在增加，而且出现在大气层中很高的位置。这里出现的是分子氧，也就是始终相互紧贴的两个氧原子。实际上，原子氧（就是单个氧原子）并不存在。这是因为氧气往往很容易和其他原子结合在一起，如果旁边没有别的原子，两个氧原子就会结合在一起，他们甚至会因为这件事感到非常激动。

这样的结合会稍微减少氧原子的含量，也让氧原子们失去了独自旅行时的振奋。因为在抓住另一个原子之前，他们首先必须先放开他现在的氧原子伙伴。然而这并不容易。另外，两个氧原子都不知道谁会和另一个原子结合，有一个氧原子会落单，这使放开变得加倍困难。

还有一些由三个原子组成的氧分子，那就是臭氧。

他们在大气下层并不常见，必须要去到大气上层才能发现他们。那里有一层气体由很多臭氧组成，我们就把它叫作臭氧层。

在这里，有两种方法可以使臭氧层稳定。一种是通过吸收短波紫外线把正常的双原子氧变成臭氧，另一种是通过吸收紫外线把臭氧变回双原子氧，但在这种情况下，紫外线的波长稍长一些。这样一来，就在地球周围形成了一个气体层，可以吸收来自太阳的紫外线，以此保护地球。

紫外线辐射虽然一直影响着生物的生存，但它在地球表面的辐射强度却不断下降。这让生物们感到愉快。生物已经到了离开水面的时候。几百万年后，生物终于准备开始采取一种新的生活方式了。

地球，雪球

这个时候，在罗迪尼亚大陆之下，岩浆流仍在地球内部流动着。这片大陆依旧孤零零地在地球的一侧漂流。

我已经从大陆上空飞过几次了。它完全是一片荒漠，不过也不奇怪，因为生物还没有征服这片土地呢。在陆地边缘有下着雨的云层，也许生物在这里有一些生存机会，但是应该还不足以上岸。大陆内部仍然尘土飞扬，因为云雨无法到达这些区域。

有一天，罗迪尼亚大陆开始分裂。地球内部巨大的岩浆流不停地奔腾，让大陆招架不住，分裂成几个大的板块。这些板块从那时开始缓慢地漂移，远离彼此，然后就形成了我们今天知道的各个大洲。但是，它们花了几百万年才漂移到现在所在的位置。

这些巨大的板块碎片之间的缝隙充满了水，水也来到了过去几百万年间从未到达过的地方。数百万年来没有见过一滴水的干旱地区上空形成了云层，下起了第一场雨。

水中含有的二氧化碳被矿物质吸收，因此许多碳伙伴再次消失在沉积物中。当然，大气中的碳伙伴又减少了，温室效应也变弱了。但是这一次，太阳没能帮上忙，所以气候变冷了。

接着，地球开始面临从未有过的极端寒冷。冰雪几乎覆盖了整个地表，海面上结了一层冰，蓝色的海洋变成了白色。雪和冰反射了来自太阳的辐射，这反过来又增强了冷却效果。地球变成了一个大雪球，赤道成了仅有的没有雪和冰的小道。

生物们根本不喜欢这样。一些生物死去了，有些物种因为不喜欢这种环境而选择灭绝。上岸的计划无法实现，被无限推迟。不过更紧急的问题是要想出应对寒冷的方法。存活下来的生物回到水中，并等待更好的天气或温暖的气候。真是不幸，但也没有什么可做的。生物们唯一拥有的是时间，所以我期待着有好事发生。

最后，新大陆的运动再次引起了气候变化。在板块边缘发生了很多事情。由于板块受到挤压，在边缘处形成了许多火山，它们向大气中排放了大量二氧化碳。这让许多碳原子又能和氧气伙伴一起玩耍。这些原子很快在大气层中增强了温室效应，帮助地球解冻。地球又变暖了。

我被困在冰里。很长一段时间里，我设法和两个氧气朋友一起待在大气层中，我可以看到地球慢慢被白雪和冰覆盖。不过某一刻，我们被困在一个雨滴里冻住了。从那时起，我们就在冰上等待着逃离的时机。当冰终于解冻后，我们立即开始工作，让热辐射重新射向地表。我们也确实融化了冰层，让地球摆脱冰雪的覆盖，也让温度变得更舒适。

生命之手的

绝顶妙计

生命之手也挺过了这次难关。我甚至觉得它已经在过去长时间的沉寂中为现在做好了准备，随时可以创造新事物，只要气候变暖，就能够开始自己的尝试。一切都在等着正确时机的到来。我和我的碳伙伴们也抓住机会离开了地表的冰面，我进入了新的旅程。

现在又出现了一种全新的细胞，里面的细胞核和其他区域分别起到不同的作用。有些区域负责提供营养，有些区域负责食物残渣的分解，还有一些区域生产化学物质来满足细胞各种各样的需要。不同的区域被细胞膜隔开，这层膜不仅划分了区域的位置，还要规定哪些物质可以进入细胞，哪些物质一定要离开。细胞区域内有催化剂和酶，它们激发、控制着化学反应的发生。

细胞内的小能源站是一个重要的新事物，它为细胞提供着能量。它原来是一些独立的细菌，被两层膜包裹着，看起来也像一个细胞。它必须要不断制造一种大化合物，并吸收另一种专门制造能量的化合物。

这是很聪明的做法，因为这样一来，能源站就可以让这些化合物供能，而不用自己操心了。

也许事实不一定是这样的，但我猜这些小细菌一直在找寻找大细胞的保护，直到找到一个能收留它的宿主细胞之后，再把自己创造的能量作为房租上交。无论如何，它们相处得不错，都达到了自己的目的。

这个看起来像细胞一样的能源站其实就是线粒体。它具有自己的遗传物质。在细胞中被包围、被关怀、被保护，吸收着来自某种特殊大分子的营养。细胞让它承包能量转化的任务，从而解决了自己的能量供给问题。

线粒体会氧化一些化合物，也就是让它们和氧气发生反应。这种反应不会突然爆发，每个反应细节都要受到严密的控制，直到最后产生一种作为最终能量载体的分子。这个分子会被释放到细胞中，在需要能量的地方发挥自己的作用。这些宿主细胞们最终演变成了动物。

另一些细胞也有相似的能量合成方法，叶绿体是他们的能源站。这些细胞和蓝藻很像，但是叶绿体和线粒体不同，它们从阳光中吸收能量，把能量聚集到分子中。叶绿体也具有自己的遗传物质，会在宿主细胞中繁殖，而且它的繁殖独立于细胞分裂。这种类型的细胞构建了植物世界。

除了细胞内部的新事物之外，外部世界也出现了多细胞生物带来的可能性。越来越多的细胞簇拥在一起，形成了细胞群。也许他们想在寒冷中互相取暖，所以就紧紧贴在一起。这种聚集一开始像是细胞分裂时出现的错误，后来却演变出一种全新的存在。

但是在此之前还有一些障碍需要克服：细胞必须都去到正确的位置上，他们之间还要有某种能够实现特殊分子交换的连接。所以生命之手就创造了一些小孔，分子就可以通过它们从一个细胞进入其他细胞。

接着，生命之手开始为多细胞生物中的不同细胞分配各种任务。一个重要的转变是，有些细胞不能繁殖了，只有生殖细胞保留了繁殖的功能，其他细胞必须站岗或者提供支持。我现在很明白繁殖的重要性了，正是它让长分子链的结构和功能得以传向下一代。也只有这样，生命之手的试验和发展才能得以继续。

为了使有机生物体运转起来，细胞们必须协调好自己的分裂和繁殖速度，每个细胞都要有明确的任务分配。为了确保这一点，细胞之间还需要一个通信系统。信号分子接受了这个任务。生物体中细胞数量越来越多，生物的体型越来越大，他们的作用也越来越重要。此外，生物体还需要一种由细胞创造并留在细胞里工作的基质。

细胞的专门化程度越来越高，他们开始解决一些单细胞从没遇到过的问题。生命之手针对细胞的专业工作做了一段时间的试验，不久之后，就出现了许多有各种不同细胞的生物。我一直想知道信号分子怎么让细胞明白自己现在在哪里，应该变成什么样子、完成什么不同的任务。我也不明白为什么细胞会有那么大的不同，尽管他们都是从同一个细胞演变而来的，具有相同的细胞核，都是通过简单的细胞分裂产生的。

多细胞生物面临着一个问题：细胞一边提供着营养，一边又要把自己产生的废物运走。简单的物质交换已经不能满足细胞们的需要了，必须开发专用的物质运输设备。最终，生物体内形成了一个循环，其中有一种重要的体液携带了大量重要的碳化合物，从几乎所有的细胞身边流过。

动物体内的细胞对食物的需求越来越大。这些细胞无法通过光合作用获得能量，因此他们变得越来越需要氨基酸、维生素和其他物质持续供应能量。除了碳化合物之外，氧气对动物来说也很重要，不过他们必须被运送到小发电厂中，只有在那里氧才能发挥作用。一些叫作蛋白质的分子可以先让氧气和自身结合，并在发电厂中把他们释放出来，所以他们承担了这项任务。

而植物相比较的需求没有那么多，它们能够自己生产所有必需的分子，主要通过二氧化碳、水和光来制造糖分。它们从自己脚下的土地中吸收某些矿物质，比如硝酸盐和磷酸盐，或者在吸收水分的过程中得到这些矿物质。

随着时间的流逝，我开始能区分不同的细胞类型，也能很快分辨出自己在消化道中，还是在肌肉细胞、神经细胞中，或者在一个负责清除体液废物的细胞里。细胞的结构由他们的功能决定，因此，同一个生物体中具有不同功能的细胞看起来不一样，不同生物中具有类似功能的细胞们反而更相似。

多细胞生物们非常珍惜自己的生命，它们生成了表皮，把内部和外部隔绝开来。这样一来，它们就可以为内部细胞提供更稳定的生活条件。在塑造外部形态时，生物们意识到对称的结构会让自己的生活变得更方便，因此很多生物都有了对称的表皮。之后，生物就突然可以区分出身体的上下部分和左右侧，至少可以区分出身体的前后了。至于为什么对称结构更方便，你们可以想象一下，两条一样长的腿跑起来明显比两条长短不一的腿更快。

而且，有了对称性之后，在创造新事物的结构时，只需要做一半的工作，再把它们进行复制就可以了。

一些生物具有径向对称性，看起来就像个球。当然，它们都是非常简单的生物。另一些生物具有轴对称性，它们在轴两侧呈现出完全相同的样子。还有一些物种的身体构造表现出镜像对称，这样的生物具有身体的左右两部分。

生物的体型变得越来越大，虽然还能够区分动植物，但我越来越难弄清楚自己具体在哪一个生物体中。新物种还在不断增加，认清它们变得难上加难。为了获得更多信息，我必须要有一个和其他原子交流的信息渠道——就像以前在星球上生活时那样。

随着时间的流逝，动物们发展出感觉器官，使自己能够感知周围的环境。它们有了触感，能够认出水中漂浮在自己身边的是什么物质，感受到压力和声波，甚至在某些时候可以相互交流。而且，它们可以利用光亮来辨认方向并了解周围环境。

除此之外，它们有了肢体，比如尾巴、鳍、手臂和腿。它们可以用四肢移动。灵活地改变位置对它们

来说越来越重要，因为有了感官之后，生物们需要和
渴求的事物越来越多。生物体内部的反应变得更加复
杂，我不可能深入所有事物中或理解所有过程。

繁殖的新方式

有一天，生命之手发现了一种可以让生物们永远延续生命的魔法：有性繁殖。

这需要两种性别才能完成，一种是雌性，一种是雄性。两种性别特有的不同生殖细胞聚集在一起时会融合成新细胞，然后，这个细胞中会演变成一个新的生物。有性繁殖的好处是，两性都可以遗传自己的基因，新生物会成为不同基因的结合体，物种或种群的遗传多样性也因此得以世代相传。现在，生物们可以加速创造新事物了。

雌性在这个过程中负责生产卵子。这个任务通常要复杂一些，因为有些卵子不仅包含遗传物质，而且也要为新生命提供最初的营养物质。因此，雌性仅在特定周期内生产卵子，而不会持续生产。这种周期性的波动和季节或其他影响因素息息相关。

雄性则通过精子留下遗传物质。精子几乎不含营养，因此雄性可以随时大量生产。如果我的信息没错的话，一直到今天，雄性也不用对精子的生产加以节制。

起初，雄性只是简单地把精子散播到水中，希望它们在某个地方找到合适的卵子。但是生物们很快就意识到，有效的繁殖不会那么容易成功，必须要更好地协调一切。其实，如何让两种性别更好地合作是从一开始就很难解决的问题。

一些生物同意在一个生命力旺盛的时期进行繁殖，这个时期通常在春天，因为夏天随后到来，那时的温度更加适合新生命的诞生。直到今天，这些生物仍保持这个习性。许多植物只在春天开花一次，雄性向雌性散播大量的花粉，其中只有很小一部分花粉能找到卵细胞。

还有一些生物选择另一种策略。雌性把卵子产在水中并留下信息，告诉雄性应该开始繁殖了。雄性对这些信息做出反应，提供他们的遗传物质，让卵子受精。这种信号的传递效果越来越好。随着时间的流逝，雄性对这件事的反应越来越强烈。

后来，雌性决定不再直接把卵子产在水中。对雌性来说，卵细胞无法受精的可能性太大了，而且还有贪婪的强盗们等着把卵子据为己有。特别是那些带着很多营养物质的卵细胞，如果它们随着水流走，对雌性来说会是一个很大的损失。所以有一些雌性决定在卵细胞受精的时候留在现场。然后他们把受精卵装在一个壳里，或者放在自己身体里。这在两性之间创造了一种全新的亲密关系，使精子转移成为一件繁殖中最重要的事情之一。

雄性必须要等待正确的时间，直到卵细胞做好受精的准备。为了避免错过时机，它们始终蓄势待发。这样一来，繁殖对雄性来说就更需要耐心，有时会让它们烦躁不已。

好吧，精子转移和之后卵子受精的过程在一开始还不是很成熟，有一些漏洞。但是，在接下来的几百万年中，有性繁殖的过程持续演变着，生物们为此发明了交配仪式，让这个过程变得更完美。

除了雌性散发出的信息素，生存能力和抚养新生命的能力也逐渐开始对繁殖起到决定性的作用，毕竟生物们都不想在这个过程中受到伤害，或者承担无法养育新生命的风险。因此，生物们的外形特征在选择繁殖伴侣的时候也变得越来越重要，因为它直接或间接地决定了是否能够成功繁殖和养育新生命。

奇怪的是，并不是所有性别特征都和上面说到的繁殖过程有关，不过，有些特征可以引发一些反应，然后促成交配。我觉得生命之手在这个过程中开了一个过分的玩笑。很难相信有性生殖能给生物们带来什么样的愉悦感，又能创造出什么奇异的成果。

我不知道每天会发生多少次有性繁殖的过程，不过，考虑到生物的数量以及他们对繁殖的兴趣，我想一定会有几百万次。直到几千年以后，我才终于亲历了一次有性繁殖的过程。

我来到一个雌性体内，更确切地说是在生产雌性生殖细胞的卵巢中。这个卵细胞看起来已经做好了准备，有一层膜把它包裹着，保护它不受侵害。我就是这层膜的一部分。卵细胞从卵巢里挤出来，准备受精。

这是在雌性体内发生的内部受精。一个雄性已经在等待雌性发起交配仪式。它们要为此花费很多时间。

当仪式结束时，卵细胞热切地等待着精子的到来。第一批精子过了好一会儿才出现，它们好像有些疲倦，因为它们到达时看起来状态不是很好。

为了往前挤，精子们抓着自己前面的精子疯狂地扭动。它们前进的速度不是很快，所以我们仍然有时间猜哪个精子会先到达。有一个精子看起来很结实，有一条可以让它们游过雌性体液的有力尾巴，所以我猜它会先到达。可惜的是它来得太晚了。从卵细胞的另一侧游过来的一个精子赢得了比赛，率先进入卵子。

现在我的任务来了。这层膜必须抓住准确的时机，在第一个精子穿透卵细胞的时刻关闭进入卵细胞的通道。显然，这里不需要两个精子。两个生殖细胞首次接触后就开始发生各种反应，这些反应改变了膜的结构，使其他精子细胞无法透过。数十个精子努力试图进入卵细胞，但我们的膜紧紧闭合着，让两个生殖细胞在平静的环境中结合。

物种多样性的爆发式增长

　　然后事情就是这样了。地球上的生物已经完成了作业，做好了最重要的准备，并且开始了一次有力的冲刺。动植物的物种数量迎来爆发式增长，到处挤满了不同的个体。几乎所有未来物种的演变轨迹都在这个时候产生了。生命之手处于一个富于创造力的阶段。我不知道它在做什么，但它确实想尝试各种可能性，如果可以的话，它还想同时处理这些事情。

　　这里诞生的可绝对不是幸福的伊甸园。大多数动物想要的并不是地球和平，它们关注的是事物和繁衍。生命之手确保了生物除了自保之外，还愿意把基因传给后代。

　　三叶虫是最早成功存活下来的动物之一。它们统治地球三亿年之久，衍生出很多种存在形式。它们呈轴对称形状，全身分为头部、胸部和尾部。它们有一层因含有碳酸钙而更为坚硬的外骨骼，可以作为防护罩，让它们在敌人面前更有安全感。我们碳原子在此也起到了作用。

　　当时几乎所有动物都有骨骼，大多数甚至还有一个副铠甲，这样就能在捕猎者面前保护自己。内骨骼逐渐变得更常见，因为它在各个方面看来都更具灵活性。一场巨大的盛宴开始了。

在生存的斗争中，每个物种都变得越来越机智。盛宴中最重要的是捕猎，可不是被捕获，而且生物们还必须在吃饭的间歇时间增加自己种类的个体数量。也许这又是另一回事了。

最早到场的是鱼类，而且它们的物种多样性迎来了爆发式增长。这个过程始终遵循相同的模式。最初只有几个孤立的个体，然后，在初步尝试后，这种生物的数量会急剧繁殖，并且会产生许多亚种。

这些生物在海中嬉戏。生命之手让其中的一些生物变成了巨型怪兽，而它们就是最纯粹的掠食者。它们快速地游来游去，总是在寻找能吃小点心或者能饱食一顿的地方。所有生物都完善了自己的感官，有些生物这么做是为了寻找食物，有一些则是为了避开或者逃离掠食者。有些生物的繁衍速度赶超了被怪兽们吃掉的速度，甚至这种生存策略也取得了成功。

物种多样性的增加带来了长长的食物链。最初只有植物从阳光中获取能量，然后出现了不同的动物，它们以别的动物为食并形成食物链。体型小的被体型大的吃掉，这种情况不断重复，直到到达食物链末端。有时，动物没有被吃掉也会死去，那么一些小生物就会把它们的身体清理掉。

我经常在很多这样的食物链上游历，所以随着时间的推移，我逐渐了解了各种生物的消化道。每当我正好在一个动物身上，而它被掠食者吃掉时，我就会经过掠食者的消化道。你们现在想想就会觉得这不是一种令人愉悦的经历，但是作为一个碳原子，我可以从容地面对它。在这里形成的臭臭的大分子们会以气体的形式排放出来，他们让我们感觉有点冷。我们主要和氨基酸、脂肪、碳水化合物结合，它们会被提取出来并传送到血液中。到达血液里之后，我们就把事情忘到脑后了，开始期待接下来会进入什么类型的细胞。消化本身是无聊的事情，因为它总是遵循相同的模式。

就在我仔细观察这些掠食者的时候，有些物种已经显而易见地厌倦了海洋生活，而且失去了理智。它们踏上了离开海洋的道路，去往干燥的陆地上寻找幸福。植物们已经在5000万年前发现了这片新的栖息地，所以陆地上也有一些可以吃的东西——至少对于素食主义者来说。

但是，上岸的过程并不容易，因为动物们没有合适的装备。在没有水提供支撑力的时候，它们的骨骼就显现出了弱点。

生命之手必须再次进行干预，在生物身上的某些地方做一些改造，让某些部位变得更强壮，再给它们加几条腿。所有改造都遵循相同的原则，动物们的外形对称，腿的数目相等，有一个头和一条尾巴。生命之手可能相信自己已经找到了正确的方法。

一些生物不太信任这次上岸，所以它们给自己留了一条后路。生活在水域和陆地的边界地区的两栖动物就这样发展起来。同时出现的还有昆虫，继而出现了爬行类动物。它们都以相同的方式实现了物种多样性的激增。它们都构造了食物链，都具有消化道。

一开始，这些生物只在地面爬行。但是后来它们学会了走路，先是慢慢地简单走几步，然后越走越快。它们必须这样，因为掠食者就跟在身后，它们也学会了走路，使陆地变得不再安全。

物种数量持续地迅速增长着，不久，巨兽们也进入深林中侦查，追捕它们的猎物。

一些物种学会了飞行，并成功地飞上了天空。但是这里的空间很快就被飞行的掠食者们侵占了。其他肉食动物只能等着在空中盘旋的猎物们再次降落，然后抓住他们。

继在鱼类、两栖动物、昆虫和爬行动物之后，恐龙、鸟类和哺乳动物出现了。植物们也在继续演变，很快产生了无数物种。要想了解所有事情几乎是不可能的，作为一个原子，观察生物整体并不容易，不过我有无限的时间，而且可以重复变成生物种群中的某一部分，所以我可以利用这样的优势直接经历演变的过程。

在一片混乱中，物种的数量时而上升，时而下降。生命之手先做了一些尝试，如果取得成功，物种就会突然繁育出数量惊人的后代。如果生命之手对某一个群体失去了兴趣，那么这个群体内的物种多样性就会下降。甚至说，这个群体不得不走向消亡，因为它被生命之手创造的新物种、想出的新主意所取代。

最后，哺乳动物也进化了。它们是很特别的，生命之手最好的创意全部汇集在这类动物身上。它们具有恒定的体温，它们的皮毛可以让它们很大程度上不受外部环境温度的制约而存活。雌性会分泌出一种白色液体，其中包含大量的脂肪、蛋白质和碳水化合物，它可以为幼小的动物们提供温暖的膳食，也就是它们最初的大餐。这使哺乳动物大获全胜。一开始小小的哺乳动物们迅速变大，然后大量排挤掉其他动物群体中的竞争者。

突如其来的逆境

　　然而，生物的发展并不是一条笔直坦荡的道路，生命之手为此煞费苦心。正如我刚才所说，地球上潜藏着无数绝境，会让生物们误入歧途，而这些误入歧途的动物们不得不遗憾地走向灭绝。有的物种本来已经进化得大有存活的希望，但是生命之手总有很多备选方案，所以他们还是会被其他适应力略胜一筹的物种超越，最终被取代。

　　然后，幸存的生物还要面对一些连生命之手都爱莫能助的逆境。你们可能觉得地球是一个非常安全的避风港，但这只是因为人类在短短几千年前才开始了解地球。过去，灾害深刻地影响着物种多样性的增加或减少，它们有规律地出现，给生物带来致命一击。因此，即使有些物种已经演化成功，已经具备了超越其他竞争者的能力，也还是早早地灭亡了。

　　我一直觉得地外天体对地球的撞击就是最壮观的景象。每隔几十万年就会有一颗陨石或小行星进入地球轨道或来到离地球轨道非常近的位置，它们被地球的引力场吸引，咆哮着降落到地面上。这可不像小流星坠落那么无害。

行星在撞向地球的过程中会获得很多能量，而这些能量将在撞击时被释放。坠落的星体高速进入大气层，产生的巨大摩擦力使空气剧烈升温，并引发空气的燃烧。在行星移动的轨道上会形成一个等离子体通道。

撞击的同时发生的爆炸将释放出所有能量，随之产生的魔鬼压力波会导致大量的水迅速蒸发，还会卷起无数尘埃。爆炸点四周（范围可能达到几百公里）的生物都没有生存的机会，因为温度实在是太高了，而且压力波会把所有东西吹走。在接下来的几天、几周甚至几年的时间里，由于大气中积累了越来越多的尘埃，气候会发生巨大且剧烈的变化，无法适应环境的物种都消亡了——这正是大多数物种面临的情况。

但是，全球变暖或变冷不仅仅由这类惊人的异象引起。一座大火山的喷发或者由于大气成分发生变化引发的温室效应的增强或减弱就足以导致气候变化。

这就是地球上间冰期和亚冰期交替出现，且有多个冰期的原因。

接下来的时间里，生物又经历了甲烷暴发、全球性缺氧、恒星黑子活动、海平面波动、全球气候异变、疾病和一些我也不知道怎么说的灾难。

但是生物们最终都会展示出自己的抗压能力，任何逆境都不能打败它们。所以生命最终占领了地球，成为地球不可分割的一部分。

有一些后来才到地球上的原子说起了其他星球上的生命形式。那里的情况一定和地球很相似，只要生命能在大地上扎根，就没有什么能让它们离开。

我对自己的现状觉得挺满意的。好吧，地球不是恒星，与恒星相比，它又小又冷又不亮眼。但是地球拥有生命，我很高兴看见并观察这些生物如何走向下一个阶段、解决下一个问题，如何抵御宇宙中的不确定性，如何承受逆境并共同分忧。

碳元素是生命的基础，所以我和我的碳朋友们一直都在参与生命的演变过程，这让我们感到非常自豪。我们形成了一个巨大的碳循环，其中有很多不同形式。

我们可能和氧原子们两两组队形成二氧化碳，在空气中飘荡，在水中沉浮。一切在潮湿的环境中发生着，像拍摄慢镜头一般，和其他分子的碰撞也缓慢而柔和。我们放任自己在水中漂流，又在某个地方浮出水面、蒸发并回到大气中。这是多么美好而自由的存在啊！

另一种碳循环存在于生物群体中。碳元素们一开始存在于植物体中，然后进入食物链，经过食物链上的各类消化系统，并了解动物们的生理结构，最后达到食物链终端。我们也可以通过众多孔口离开生物体，有时候会以二氧化碳的形式直接进入大气，重获自由，四处游荡，从全新的视角审视地球发生了什么样的变化。

不过也有糟糕的情况。有时候动物或者植物会直接死去，没有被其他动物或有机生物利用就进入了无数矿床中的某一个，成为其中一点矿藏。它们被保存下来，数千年中都不在地表显露自己的踪迹。他们甚至可以不知不觉隐藏数百万年，这就取决于矿床的位置，以及它们能否小心地避开环境的影响。我的许多碳伙伴都承受了这样的命运，而我则幸免于难。

我觉得生命很美好。生命改变了地球，使它更加丰饶，并将其变成了绿色星球。生命随处可见，总是偷偷准备着惊喜。生命之手确保了物种们持续发展，新物种得以存活，这样它就证明了自己惊人的创造力，神奇的生物们也会不断出现。

其他原子似乎也感到满意。毫无疑问，地球是特殊的存在，生命让我们的生活不再单调。

但是我最喜欢的还是在大气层停留的时候。两个氧原子陪伴着我，和我组成了二氧化碳。我们飘浮在广袤的森林、辽阔的海洋和宽广的海岸上，饱览美妙的色彩，将日出和日落与挥洒的光芒尽收进眼底。我们乘着风来到高高的云端，有时我还能赶上一阵急流。这时候，我们就可以嗖地飞入这股气流中，在云

层中感受无尽的自由。其他所有的一切都变得微不足
道，十分渺小。

人类

征服

地球

某一天，我遇到了人类的祖先。那时人类身上还覆盖着皮毛，但很快就脱落了。我不知道他们为什么赤身裸体，但这可能不是一个经过深思熟虑的决定，因为不久之后，这些两条腿的人类就把兽类的皮毛裹在身上，用来抵御寒冷。

我和碳伙伴们对人类的印象不是很好，他们浑身光溜溜的，看起来很笨，只能勉强生存下来。他们的两条腿不能跑得特别快，不知道如何爬树。他们没有大獠牙和利爪，而且正像我刚才说的，没有御寒的皮毛。如果在阳光下晒得太久，他们的皮肤会变红，会被烧伤。

我和碳伙伴们以为生命之手又犯了一个错误，走到了死胡同里。毕竟这样的事情不断发生着，并不奇怪。人类在大草原上游荡，显得无助又痛苦，我们几乎没怎么关注他们。

但是事情的发展和我们想的不同。人类根据自己的需要发挥了自己的长处，组成了一个个部落，成员们相互帮助，相互团结。他们利用声音并发明了语言来传递和交换重要信息。这种交流起到了很重要的作用，让人类的狩猎越来越成功。人类的大脑越来越大，他们变得越来越聪明，生存能力也随之提高。他们可以从错误中学习。

我们仔细观察人类，发现他们身上显然出现了新的事物。他们和其他动物完全不同，会穿兽皮，会用独特的方式交流，能设计和使用工具。他们学习的速度很快，对领地的统治力越来越强。

他们可以按照自己的想法驱逐或消灭所有竞争对手，甚至包括那些看起来根本赢不了的对手。所有大型掠食者都从他们周围消失了，不过，他们的大型猎物也消失了。人类显然对种群的迁徙一无所知。如果观察过一个物种超过上千年，就会知道，无止境地捕猎会导致它们的灭绝。数百年来，猎物的灭绝一次又一次地给人类造成麻烦。

也许人类的大脑袋给他们带来了优势。他们具有分析能力，能够制定、传递策略，并持续交流、交换想法。这种优势在狩猎时体现得非常明显。后来，人类通过发明农场畜牧业解决了猎物灭绝的问题。有一部分人类带着自己养殖的动物从草原迁徙到牧场上，还有一些定居在草原上。

但是，大脑也有缺点。人类常常产生困惑，还会胡思乱想。他们在夜里围着火跳舞，因为他们感到害怕，抑或是兴奋得无法入睡。他们想得太多了，一些无法解释的内容让他们非常担心。他们发展出很多意识，希望深入了解一切。

然后他们开始改变地球。我进入了碳循环的一个分支，数百年间都没有回到外部世界。当我再次回到大气层时，地球发生了变化。很难相信人类在这么短的时间内取得了如此巨大的成就。

他们出现在地球上所有可以居住的地方。无论是炎热、寒冷的地区，还是高山和大海，都变成了他们的家。所有人都努力积极地开辟家园。

他们喜欢火，因为火给他们带来温暖和安全感。他们喜欢热食，想要随意移居别处。他们不断提出探索地球的新方法，发明了复杂的机器来实现自己的梦想和愿望。

他们建造了高楼大厦，并在地面铺了成千上万的蜿蜒道路。数以百万计的汽车行驶在路上，大船横渡水面，飞机出现在大气中。

人们对能源的渴望是没有止境的，不过他们似乎对太阳这个最大的能量来源没有兴趣，因为几乎所有的机器都使用化石燃料，并因此产生了二氧化碳。我非常高兴能看到这种情况。每个人每年能产生几吨二氧化碳——每个人！这意味着一年二氧化碳排放总量要达到这个数量的50亿倍。所以我和人类成为了好朋友。每天都有成千上万的碳伙伴从化石沉积物中被释放出来，以二氧化碳的形式逃到大气中，享受云层上的自由。

谁能想到人类会如此积极地发展。我和碳伙伴们都很激动，也开始变得喜欢人类。在大气中，我们用尽全力激发温室效应，希望上一个冰河时期在两极形成的冰原残留物能够因此消失，好让人类运用那块土地。人们容易受冻，我们坚信，要是让地球的温度稍微升高一点，人类就会很高兴。那是我们可以为人类做的最微小的事。

全球变暖的计划进展顺利，但仍然需要一些时间。耐心不是人们的优势，他们总是马上就想得到一切。实际上，我们担心在所有碳伙伴被释放之前，人类就有可能会突然灭绝。我已经看过很多次物种灭绝的现象了，即使它们一开始发展得很好，也很难逃脱灭绝的命运。我认为人类也很有可能面临这种境况。说实话，灭绝是不可避免的，更何况人类没有耐心，又对能量有无限的渴望。

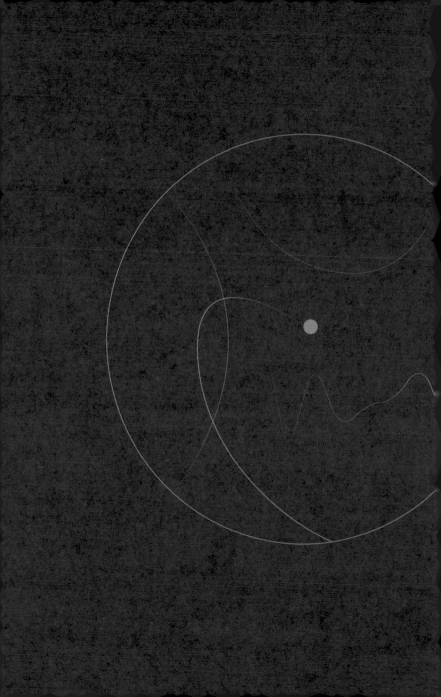

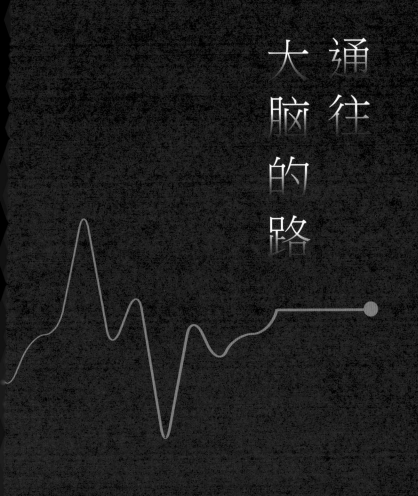

通往

大脑

的

路

当我仍在思考生物，尤其是人类的未来时，我再次穿过细胞膜，进入了一个植物内部。和以往很多时候一样，我身边伴着两个氧原子，但这并不令我感到兴奋。我们被植物汁液吸收，然后被传递到叶绿素复合物中。

我依然在这里和氧原子分开，转变成为更重的碳化合物。被植物吸收的光提供了转变所需的能量。我已经经历了无数次这样的过程，加入了 12 个碳、11 个氧和 22 个氢原子组成的化合物中。我很难描述我们的确切位置，不过位置如何并不重要，总之，这是一个与糖类的化合物。

植物把我们的糖分子运输到一个巨大的球形结构中，这是一个浆果，里面有一个小果核。

随着时间的推移，糖的浓度持续增加，浆果变得越来越红。色素主要在果皮中，当阳光照射到浆果上时，色素也会在果子中游来游去，享受日光浴。

几个星期后，这个浆果与茎干分离，我们掉入了一个红色的浆果池中。我们的浆果破裂了，它的果汁和其他浆果的汁液混合在一起。

突然，汁液中充满了像是凭空出现的酵母菌，像爆裂一般开始繁殖。它们是为了甜味而来，一出现就扑向糖分子。我们的分子被拆开、重构，经过几个步骤，剩下 2 个碳原子、1 个氧原子和 6 个氢原子。我们 2 个碳原子通过化学键连接在一起，我身上带着 3 个氢原子，另一个碳原子带着 2 个氢原子和 1 个氧原子，后者和另一个氢原子一起形成了我们分子中的官能团。这组官能决定了分子的性能，把他变成了一个酒精分子，确切地说是乙醇分子。我也是其中一部分。

酵母并不是为了玩乐才来找糖分子的。这是他们新陈代谢的一个环节。这种反应会放热，结束后剩下的能量足以缓慢地加热浆果汁。热量把染色素从果皮上剥离，让浆果汁变成深红色。

直到现在我才意识到浆果的脱落、破裂和混合不是巧合，而是受到了人的操控。大约一周后，人们开始榨汁，把我们和果核、果皮分开，过滤果汁并把它们倒入一个大木桶中。在桶里，酵母让剩余的糖分子快速和自己发生反应，和自己告别。当所有的糖都用完了，酵母也会死去，因为它们把为自己供能的物质完全消耗掉了。

几个星期过去了，什么都没有发生。然后我们被装瓶了。在盖上瓶盖前，还有一些浆果汁，其中含有少量糖分，应该可以使饮料的味道更加完美。人类在榨汁后不久会加热果汁，确保果汁中的糖不会因为酵母菌而完全消失。

最终产物是一瓶深红色液体，主要由水和醇分子组成，糖、色素分子和一些调味剂只占很小的比例。这就是红酒，我迫不及待地想知道人类要用它做什么。

我们耐心地等待了几个星期。酒瓶被存储在避光的地方，被辗转运载到几个地方，最后到达饮料市场的货架上。

有一天，我们的酒瓶被一个叫吉米的人买下并带回了家。我们没有在他的屋子停留很久，他很快就把我们带到音乐会上，把瓶子放在舞台的扬声器上。这个机器发出很大的声音，声波穿透了瓶子底部，使我们分子发产生振动。

除了红酒，吉米的另一个兴趣就是音乐。他有一把吉他，喜欢独奏，演奏技巧也很高超。他带来的动听乐曲能让听众陶醉。

在音乐会期间，吉米经常走过来倒上一大杯酒。某一刻，我离开瓶子并来到了吉米的肚子里。虽然在他的身体内部音质下降了，但是音量也没那么大了。

进入吉米的消化道后，我们又进入了血液，和很多酒精分子一起直接进入他的大脑。仅仅两分钟后，我们就达到了目的地，并且和其他酒精分子一起在突触中开始操纵神经递质。

显然，酒精分子们发挥了出色的作用，让吉米表现出最佳状态。我们让他变得更激动，弹奏出穿透一切的强劲音符。他弹坏了一把吉他。

然后他大声喊出了我的名字："嘿，乔！"我知道，他一定在感谢我。

致谢
Thanks

　　和很多作家一样，我首先要感谢我的妻子和孩子们。他们很佩服我写这本书的决定，帮助我研究一个对于他们来说陌生而无趣的题材，给我很多鼓励，让我能够完成这本书的撰写。

　　我非常感谢我的朋友威尔，他是第一个真正对这本书表露兴趣的人，一直支持着我，为我提供想法，和我讨论。我很庆幸卡特琳娜能够成为我的伙伴，她给了我很多建议，而且分享了很多她在图书行业的经验，让我受益匪浅。此外，我还要感谢卡斯滕，他非常认真地阅读了手稿，总是能及时给我反馈。同时我也要感谢史蒂芬、安内特和伯纳黛特，他们让我有了更多动力。

出 品 人：许　永
出版统筹：海　云
责任编辑：许宗华
特邀编辑：马志敏
封面设计：石　英
内文设计：万　雪
印制总监：蒋　波
发行总监：田峰峥

投稿信箱：cmsdbj@163.com
发　　　行：北京创美汇品图书有限公司
发行热线：010-59799930

微信公众号　　　官方微博